明快解説・箇条書式
ディジタル回路

［第3版］

岩出秀平 著

ムイスリ出版

第3版にあたって

数学的回路理論や原理を理解することは重要であろうが，それらを理解したからといってすぐにディジタル回路を設計できる訳ではない．また漫画的な図解が紙面を占めるような本は面白いかもしれないが，それを読んだからといって実践的な回路設計はできない．

本書は，理論や原理を最小限にして，即戦力になるディジタル回路設計技術者を育成する目的で書かれたものである．そのため本書では，特定の機能をもった回路（加算器，乗算器やメモリなど）は対象から外し，全てのディジタル回路に適用できる回路や設計手法に限って解説した．

初版の特長は以下のものであった．

1．ディジタル論理回路とディジタル電子回路の分離

ディジタル回路は，ディジタル論理回路とディジタル電子回路に分類することができる．前者は１と０の世界であり，後者は高電圧（High）と低電圧（Low）の世界である．

本書ではこれらを混同させずに分離し，前半の第１章～第４章では１と０の世界である論理回路について解説し，後半の第５章では高電圧（High）と低電圧（Low）の世界である電子回路について述べている．従ってシステム設計者のように，論理設計の知識が重要で，実際の回路まで必要ない場合には第１章～第４章までを学べばよいように構成されている．

2．詳しい説明

どちらかというと苦手とされるフリップ・フロップの説明を強化した．全種類のフリップ・フロップを系統立てて少々しつこい位にわかりやすく解説した．加えてフリップ・フロップの応用としてカウンタとレジスタを取り上げ，回路構成や設計方法についてフリップ・フロップの復習を織り交ぜて詳しく説明した．

3．説明文の箇条書化

理科系の科目を勉強するとき，長い文章を読まされると原理の理解よりも文章の読解に時間がかかり効率が悪い．そこで説明文を箇条書にして１つひとつの説明を短文化した．これにより読者は内容の要点を掴みやすくなると共に，図表とそれらの説明の対応もとりやすくなるので，短時間で内容を理解できる．

第３版では，より実践的な技術を身に付けることができるようにディジタル論理回路，ディジタル電子回路共に内容を追加した．ディジタル論理回路では，総仕上げとして，自動販売機制御回路を例に有限状態機械の設計方法について基礎から丁寧に解説した．これを理解すれば，

どんなディジタル回路でも設計する技術を身に付けることができる．

ディジタル電子回路では，物理の知識が必要なトランジスタの構造など電子工学領域の内容を最小限にしたが，CMOS トランジスタの電圧特性については詳しく解説した．これにより CMOS トランジスタによるディジタル回路設計技術をマスターすることができる．

本書により１人でも多くの方がディジタル回路を理解することで，本書が電子回路技術者の礎となることを願う．

2018 年 10 月

著 者

目　次

第1章　ディジタル回路の基礎

1.1　ディジタル回路とアナログ回路

・ディジタル回路の起源は，電子計算機（コンピュータ）にある．アナログ計算機で失敗を重ねた後，電子計算機は2進数で計算を行うようになった．
2 進数は，2 になると桁上げが起こるため 0 と 1 しか登場しない．そのため 0 と 1 を扱う回路が必要になり，そこで登場したのがディジタル回路であった．
ディジタル回路では 0 と 1 を電圧で表し，0 を低電圧に，1 を高電圧に対応させている．

・他方，論理学の世界では論理代数（ブール代数）があり，複数の命題において各命題を真か偽かに対応させて命題間の関係式を求め，結論を導く論理数学が発達していた．この「真」を 1 に「偽」を 0 に対応させることで，論理代数の理論や論理式（論理回路）をそのままディジタル回路に適用することが可能となった．

・結果，論理回路とディジタル回路がドッキングし，情報理論の発達と半導体技術の発展に伴って「ディジタル」の世界が一気に広がっていったのである．

・ディジタル回路の解説を始めるにあたって，それまで主流であったアナログ回路との違いをみておくことは，ディジタル回路をよりよく知るうえで重要である．そこで本節では，ディジタル回路とアナログ回路の違いについて述べる．

アナログ回路

（1）アナログ回路が送る情報

・アナログ回路が送る情報は「電圧波形」である．従って，入力された電圧波形を変えることなく，忠実に次の回路に送る必要がある．

・忠実に送るため，電圧波形が雑音に埋もれないように増幅が行われることが多い．**図 1.1** は電源電圧が－5V～5V 内にある中心電圧 0V，振幅 0.5V の sin 波がアンプにより 4 倍に増幅される様子を示す．

・図より，中心電圧は 0V のままで振幅が 4 倍されており，波形も歪んでいない．

電圧波形

雑音

・しかし，下手に増幅すると入力された電圧信号が電源電圧を上回り，波形が削られることがある．**図1.2**は入力の中心電圧を1Vにして増幅したため，中心電圧が4倍の4Vに上昇し，電圧波形の上側が削られている様子を示す．こうなると波形が変わってしまう．すなわち，誤った情報を送ることになる．

・また，信号が小さい場合には増幅すると雑音も増幅してしまうので，雑音の除去に気を配らねばならない．

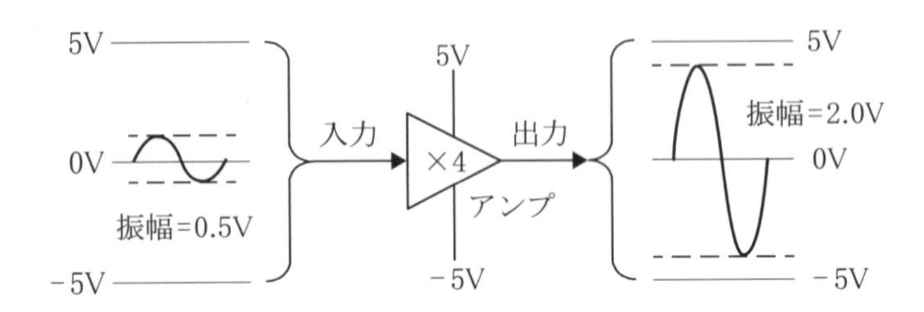

波形増幅

図1.1　アナログ回路における正しい波形増幅

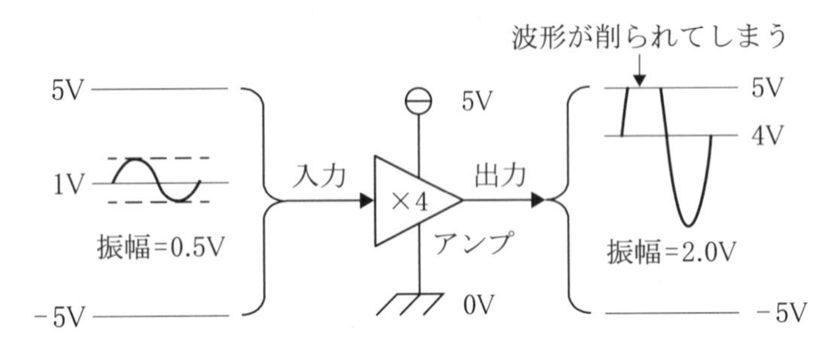

図1.2　アナログ回路における誤った波形増幅

ディジタル回路

（2）ディジタル回路が送る情報

・ディジタル回路が送る情報は，2進数の1と0や論理数学の真（1）と偽（0）に対応した最高電圧と最低電圧である．最高電圧をH，最低電圧をLと表し，それぞれ1と0に対応させる．最高電圧には回路内で最も高い電源電圧（VDD）を与え，最低電圧には回路内で最も低い電圧である0V（GND）を与える（**図1.3**）．

・従って，ディジタル回路は電圧幅が雑音に比べて桁違いに大きいので，雑音に強く設計しやすいという特長がある．

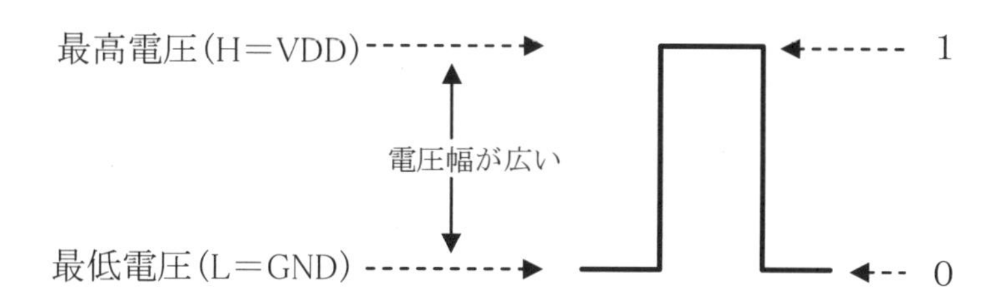

図 1.3　ディジタル回路における電圧波形と，「1」と「0」の関係

1.2　2進数

（1）2 進数の整数

2 進数

10 進数

1）2 進数から 10 進数への変換

・2 進数と 10 進数を比較することにより，2 進数を理解する．

・例として 3 桁の 10 進数の整数：365 を考える．365 を各桁の和で表すと以下の式を得る．

$$365 = 300 + 60 + 5$$

・$300 = 3 \times 10^2$，$60 = 6 \times 10^1$，$5 = 5 \times 10^0$ であるので，

$$365 = 3 \times 10^2 + 6 \times 10^1 + 5 \times 10^0$$

と表せる．

・10 進数の 365 における各桁の数字は順に，3，6，5 であったが，各桁には 0〜9 までの値が入り，10 は桁上げされる．2 進数の場合，各桁には 0 または 1 の値が入り，2 は桁上げされる．

・2 進数の例として 10101 を考える．10 進数を参考に 10101 を 10 進数で表すと，

$$10101 \Rightarrow 1 \times 2^4 + 0 \times 2^3 + 1 \times 2^2 + 0 \times 2^1 + 1 \times 2^0 = 16 + 0 + 4 + 0 + 1 = 21$$

となる．

練習 1.1　2 進数 101101 を 10 進数で表せ．

2）10 進数から 2 進数への変換

・10 進数の例として，46 を 2 進数に変換してみる．

・結論からいうと，46 を 2 のべき乗で展開すると以下を得る．

$$46 = 32 + 8 + 4 + 2 = 1 \times 2^5 + 0 \times 2^4 + 1 \times 2^3 + 1 \times 2^2 + 1 \times 2^1 + 0 \times 2^0$$

・結果，46 の 2 進数は，101110 となるが，46 の 2 進数を求める方法を**図 1.4**(a)〜(f) に示す．

(a)に示すように 46 を 2 で割ると，商が 23 で余りが 0 となる．この余りの 0 が最下位桁になり，商の 23 が次の割り算の被除数になる．

(b)に示すように 23 を 2 で割ると，商は 11 で余りが 1 となる．この余りの 1 が次の桁となり，商の 11 が次の割り算の被除数になる．

(c)に示すように 11 を 2 で割ると，商は 5 で余りが 1 となる．この余りの 1 が次の桁となり，商の 5 が次の割り算の被除数になる．

(d)に示すように 5 を 2 で割ると，商は 2 で余りが 1 となる．この余りの 1 が次の桁となり，商の 2 が次の割り算の被除数になる．

(e)に示すように 2 を 2 で割ると，商は 1 で余りが 0 となる．この余りの 0 が次の桁となり，商の 1 が次の割り算の被除数になる．

(f)に示すように 1 を 2 で割ると，商が 0 で余りが 1 となる．この余りの 1 が最上位桁になる．商は 0 なので，これで操作を終了する．

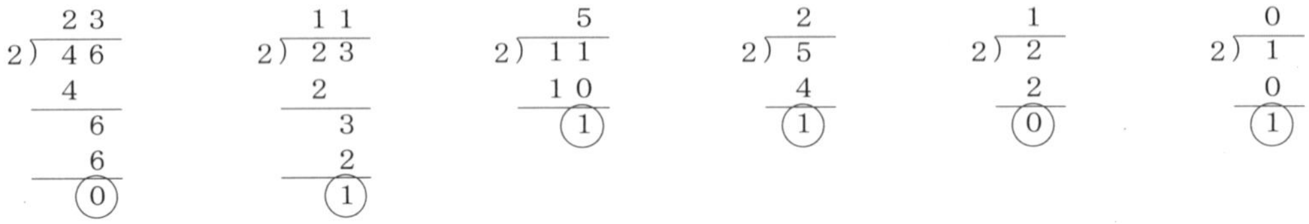

(a) 最下位桁	(b) 2 桁目	(c) 3 桁目	(d) 4 桁目	(e) 5 桁目	(f) 最上位桁
23	11	5	2	1	0
2) 46	2) 23	2) 11	2) 5	2) 2	2) 1
4	2	10	4	2	0
6	3	(1)	(1)	(0)	(1)
6	2				
(0)	(1)				

図 1.4　10 進数から 2 進数への変換

練習 1.2　10 進数 25 を 2 進数で表せ．

（2）2 進数の小数

1）2 進数から 10 進数への変換

・小数も 2 進数と 10 進数を比較することにより，2 進数を理解する．

・例として 3 桁の 10 進数の小数：0.365 を考える．0.365 を各桁の和で表すと以下の式を得る．

$$0.365 = 0.3 + 0.06 + 0.005$$

・$0.3 = 3 \times 10^{-1}$，$0.06 = 6 \times 10^{-2}$，$0.005 = 5 \times 10^{-3}$ であるので，

$$0.365 = 3 \times 10^{-1} + 6 \times 10^{-2} + 5 \times 10^{-3}$$

と表せる．

・2 進数の例として 0.10101 を考える．0.10101 を 10 進数で表すと，

$$0.10101 \Rightarrow 1 \times 2^{-1} + 0 \times 2^{-2} + 1 \times 2^{-3} + 0 \times 2^{-4} + 1 \times 2^{-5}$$

$$= 0.5 + 0 + 0.125 + 0 + 0.03125 = 0.65625$$

となる．

練習 1.3　2 進数 0.1011 を 10 進数で表せ．

2）10 進数から 2 進数への変換

・例として 10 進数の小数：0.3 を考える．0.3 を 2 のべき乗で表すと以下の式を得る．

$$0.3 = a \times 2^{-1} + b \times 2^{-2} + c \times 2^{-3} + d \times 2^{-4} + e \times 2^{-5} + \cdots\cdots$$

ここで，係数 a, b, c, d, e,・・・は 1 または 0 であり，小数 2 進数の各桁に対応する．

・まず a を求めるために，両辺に 2 を掛けると以下の式を得る．

$$0.6 = a \times 2^{0} + b \times 2^{-1} + c \times 2^{-2} + d \times 2^{-3} + e \times 2^{-4} + \cdots\cdots$$

・左辺は 1 より小さいので，$a = 0$ となる．なぜなら $a = 1$ ならば右辺が 1 を超えるからである．

・次に b を求めるために，両辺に 2 を掛けると以下の式を得る．

$$1.2 = b \times 2^{0} + c \times 2^{-1} + d \times 2^{-2} + e \times 2^{-3} + \cdots\cdots$$

・左辺が 1 を超えたので，右辺の $b = 1$ となる．なぜなら $b = 0$ ならば右辺が 1 以下となり，等式が成立しないからである．両辺から 1 を引き，小数に戻すと以下の式を得る．

$$0.2 = c \times 2^{-1} + d \times 2^{-2} + e \times 2^{-3} + \cdots\cdots$$

・次に c を求めるために，両辺に 2 を掛けると以下の式を得る．

$$0.4 = c \times 2^{0} + d \times 2^{-1} + e \times 2^{-2} + \cdots\cdots$$

・左辺は1より小さいので，c＝0となる．なぜならc＝1ならば右辺が1を超えるからである．

・次にdを求めるために，両辺に2を掛けると以下の式を得る．

$$0.8 = d \times 2^{0} + e \times 2^{-1} + \cdots\cdots$$

・左辺は1より小さいので，d＝0となる．なぜならd＝1ならば右辺が1を超えるからである．

・次にeを求めるために，両辺に2を掛けると以下の式を得る．

$$1.6 = e \times 2^{0} + \cdots\cdots$$

・左辺は1を超えたので，右辺のe＝1となる．なぜならe＝0ならば右辺が1以下となり，等式が成立しないからである．以下同じように両辺に2を掛けて，1以上であれば右辺の最高次の係数を1に，1より小さいときには右辺の最高次の係数を0にすることを繰り返す．

・結果，10進数の0.3は2進数では，0.01001・・・となる．

練習 1.4　10進数 0.7 を2進数で小数点以下5位まで求めよ．

符号付2進数

（3）符号付2進数

ビット
bit

・2 進数の各桁を**ビット**（bit）ともよぶ．最上位桁を最上位ビット，最下位桁を最下位ビットという．

・2進数では，最上位ビットにより符号を表す．最上位ビットが0の数を正数，最上位ビットが1の数を負数とする．負数を10進数で表す場合，最上位ビットの1に－1を掛ける．

負数

1）負数の2進数から10進数への変換

・負数の例として 11101 を 10 進数で表す．最上位ビットには－1を掛けるので，2の4乗の桁は－16となる．それ以外の桁は正数と同じように加算する．

$$11101 \Rightarrow -1 \times 2^{4} + 1 \times 2^{3} + 1 \times 2^{2} + 0 \times 2^{1} + 1 \times 2^{0}$$

$$= -16 + 8 + 4 + 0 + 1 = -3$$

2）負数の作り方

・負数を作るには，正数の各ビットの0と1を反転させ，次に1を加えればよい．

・例として上記 1）項で説明した10進数の－3の2進数を作る．正数の3を5桁の2進数で表すと，00011 となる．0と1を反転させると，11100 となる．この数に1を加えると，11101 となる．

2の補数

このように正数をビット反転させて 1 を加えた数を **2 の補数**という．図 1.5 に上記の操作をまとめる．

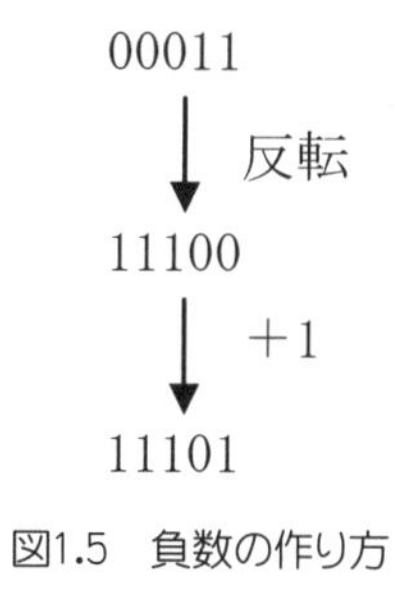

図1.5　負数の作り方

練習 1.5　10 進数の 21 を 6 桁の 2 進数で表し，2 進数で−21 を作成せよ．それを 10 進数に変換し−21 になっていることを確かめよ．

第2章　論理関数

2.1　基本論理演算

・論理変数の入力と出力との関係を表す論理関数は，論理積（AND），論理和（OR）そして否定（NOT）の３つの演算から構成されている．

・論理変数は，１か０の２値をとる．

・以下では２つの命題の真偽関係を用いて論理積と論理和を説明し，１つの命題の真偽関係を用いて否定を説明する．１は命題が「真」であることを表し，０は命題が「偽」であることを表す．

真

偽

（１）論理積（AND）

論理積

AND

・２つの真の命題ＡとＢがあり，「２つとも真か？」と問われると，答えは真である．

これを論理式で表す．ＡもＢも真であるから，Ａ＝1，Ｂ＝1．次に「２つとも真か？」という問いかけは，「Ａが真でかつＢも真か？」という問いかけと同じである．この「かつ」という論理を**論理積（AND）**といい，本書ではAND演算を「･」で表す．結果として「２つとも真か？」という問いかけは「Ａ･Ｂ＝１か？」と同じになる．答えは真(1)なので，Ａ＝１でＢ＝１ならば論理式：Ａ･Ｂ＝１が成立する．

・１つの真の命題Ａと，１つの偽の命題Ｂがあり，「２つとも真か？」と問われると，命題Ｂは偽なので「２つとも真」とはいえないため答えは偽である．

これを論理式で表す．Ａは真だがＢは偽なので，Ａ＝1，Ｂ＝0．次に「２つとも真か？」という問いかけは「Ａ･Ｂ＝１か？」と同じになる．

答えは偽(0)なので，Ａ＝１でＢ＝０ならば論理式：Ａ･Ｂ＝０が成立する．命題Ａと命題Ｂの真偽が逆でも同じである．すなわち，Ａ＝０でＢ＝１ならば論理式：Ａ･Ｂ＝０が成立する．

・２つの偽の命題ＡとＢがあり，「２つとも真か？」と問われると，答えは明らかに偽である．

これを論理式で表す．A も B も偽であるから，A＝0，B＝0．次に「2 つとも真か？」という問いかけは「A·B＝1 か？」と同じになる．答えは偽(0)なので，A＝0 で B＝0 ならば論理式：A·B＝0 が成立する．

・以上，論理積に関する論理式をまとめると以下になる．

A＝1，B＝1 のとき，A·B＝1 ……………… (2-1)

A＝1，B＝0 (または A＝0，B＝1) のとき，A·B＝0 ……… (2-2)

A＝0，B＝0 のとき，A·B＝0 ……………… (2-3)

論理和

OR

(2) 論理和 (OR)

・2 つの真の命題 A と B があり，「少なくとも一方は真か？」と問われると，答えは真である．

これを論理式で表す．A も B も真であるから，A＝1，B＝1．次に「少なくとも一方は真か？」という問いかけは，「A が真または B が真か？」という問いかけと同じである．この「または」という論理を**論理和** (OR) といい，本書では OR 演算を「＋」で表す．結果として「どちらか一方は真か？」という問いかけは「A＋B＝1 か？」と同じになる．答えは真(1)なので，A＝1 で B＝1 ならば論理式：A＋B＝1 が成立する．

・1 つの真の命題 A と，1 つの偽の命題 B があり，「少なくとも一方は真か？」と問われると，命題 B は偽であるが，命題 A は真であり，どちらか一方が真であればよいので答えは真となる．

これを論理式で表す．A は真だが B は偽なので，A＝1，B＝0．次に「少なくとも一方は真か？」という問いかけは「A＋B＝1 か？」と同じになる．答えは真(1)なので，A＝1 で B＝0 ならば論理式：A＋B＝1 が成立する．命題 A と命題 B の真偽が逆でも同じであるので，A＝0 で B＝1 ならば論理式：A＋B＝1 が成立する．

・2 つの偽の命題 A と B があり，「少なくとも一方は真か？」と問われると，真の命題は存在しないので答えは明らかに偽である．これを論理式で表す．A も B も偽であるから，A＝0，B＝0．次に「少なくとも一方は真か？」という問いかけは「A＋B＝1 か？」と同じになる．答えは偽(0)なので，A＝0 で B＝0 ならば論理式：A＋B＝0 が成立する．

・以上，論理和に関する論理式をまとめると以下になる．

A＝1，B＝1 のとき，A＋B＝1 ……………… (2-4)

A＝1，B＝0 (または A＝0，B＝1) のとき，A＋B＝1 ……… (2-5)

A＝0，B＝0 のとき，A＋B＝0 ……………… (2-6)

否定

NOT

（3）否定（NOT）

・1つの真の命題Aがあり，「命題Aの否定は真か？」と問われると，答えは偽である．これを論理式で表す．Aは真であるから，A＝1．Aの否定を $\overline{A}$ で表すとすれば，結果として上記問いかけは「$\overline{A}$＝1か？」と同じになる．答えは偽（0）なので，A＝1ならば論理式：$\overline{A}$＝0が成立する．
命題Aの真偽が逆でも同じであるので，A＝0ならば論理式：$\overline{A}$＝1が成立する．

・以上，否定に関する論理式をまとめると以下になる．

A＝1のとき，$\overline{A}$＝0 ………………………………………………………… (2-7)

A＝0のとき，$\overline{A}$＝1 ………………………………………………………… (2-8)

2.2 論理関数の表現

・論理変数を用いた論理関数を変形したり簡単化するには，ブール代数の公理や定理が有効である．以下ではブール代数の公式を紹介した後，論理関数の導出，変形および簡単化について述べる．

補元

・下記公式において，Aの否定である $\overline{A}$ をAの**補元**という．Aの補元 $\overline{A}$ はただ1つ存在するが，その証明は省略する．

・論理関数（論理式）では，論理積「・」と論理和「＋」の間に優先順位はなく，前から順に処理する．例えば f＝A＋B・C と表記された演算は前から順に処理するので，(A＋B)・C となる．

・論理積を優先したい場合は，A＋(B・C)と表記しなくてはならない．

ブール代数

（1）ブール代数の公式

・入力や出力の変数が1と0の2値である場合，ブール代数の公理や定理を適用することができる．

・下記[1]～[4]にブール代数の公理を示す．

交換則　[1] ①A＋B＝B＋A，②A・B＝B・A：**交換則** ……………………………… (2-9)

分配則　[2] ①A＋(B・C)＝(A＋B)・(A＋C)，②A・(B＋C)＝(A・B)＋(A・C)：**分配則**(2-10)

同一則　[3] ①A＋0＝A，②A・1＝A：**同一則** ……………………………………… (2-11)

相補則　[4] ①A＋$\overline{A}$＝1，②A・$\overline{A}$＝0：**相補則** ……………………………………… (2-12)

・(2-9)式～(2-12)式の公理により次の[1]～[7]の等式が成立する．

結合則　[1] ①$A+(B+C)=(A+B)+C$，②$A\cdot(B\cdot C)=(A\cdot B)\cdot C$：**結合則** …… (2-13)

有界則　[2] ①$A+1=1$，②$A\cdot 0=0$：**有界則** …… (2-14)

吸収則　[3] ①$A+(A\cdot B)=A$，②$A\cdot(A+B)=A$：**吸収則** …… (2-15)

[4] ①$A+(\overline{A}\cdot B)=A+B$，②$A\cdot(\overline{A}+B)=A\cdot B$：**吸収則** …… (2-16)

べき等則　[5] ①$A+A=A$，②$A\cdot A=A$：**べき等則** …… (2-17)

対合則　[6] $\overline{\overline{A}}=A$：**対合則** …… (2-18)

ド・モルガンの定理　[7] ①$\overline{A+B}=\overline{A}\cdot\overline{B}$，②$\overline{A\cdot B}=\overline{A}+\overline{B}$：**ド・モルガンの定理** …… (2-19)

上記の公式からわかるように，①で和（+）と積（·）を入れ替え，0と1を入れ替えると②が得られる．逆に②で和（+）と積（·）を入れ替え，0と1を入れ替えると①が得られる．ブール代数のこのような性質を**双対性**という．

双対性

練習 2.1　(2-14)式：①$A+1=1$，②$A\cdot 0=0$（有界則）を証明せよ．

練習 2.2　(2-15)式：①$A+(A\cdot B)=A$，②$A\cdot(A+B)=A$（吸収則）を証明せよ．

練習 2.3　(2-16)式：①$A+(\overline{A}\cdot B)=A+B$，②$A\cdot(\overline{A}+B)=A\cdot B$（吸収則）を証明せよ．

練習 2.4　(2-17)式：①$A+A=A$，②$A\cdot A=A$（べき等則）を証明せよ．

練習 2.5　(2-18)式：$\overline{\overline{A}}=A$（対合則）を証明せよ．

練習 2.6　(2-19)式：①$\overline{A+B}=\overline{A}\cdot\overline{B}$，②$\overline{A\cdot B}=\overline{A}+\overline{B}$（ド・モルガンの定理）を証明せよ．

（2）論理関数の標準形

・論理関数は，AND，OR および NOT 演算で構成される．

・入力変数を A,B,C，出力変数を f とする論理関数を一般的に表すと，$f=F(A,B,C)$ となるが，この関数に与えた入力値と関数からの出力値の一覧表を**真理値表**という．

真理値表

・**表 2.1** に真理値表の一例を示す．論理関数に入力を代入することで真理値表を求めることができる．

・一般に電子回路の設計では，最初に真理値表を作成し真理値表から論理関数を導出する．そこで以下では真理値表から論理関数を求める手法について述べる．

・真理値表から導出される論理関数には，真理値表の出力＝1 となる入力から求められる加法標準形と，出力＝0 となる入力から求められる乗法標準形がある．

真理値表

表 2.1　真理値表

入力			出力
A	B	C	f
0	0	0	0
0	0	1	1
0	1	0	0
0	1	1	1
1	0	0	1
1	0	1	1
1	1	0	0
1	1	1	0

加法標準形

1）加法標準形

① 最小項

・入力(A,B,C)に対して(A or $\overline{\mathrm{A}}$)と(B or $\overline{\mathrm{B}}$)と(C or $\overline{\mathrm{C}}$)の論理積が 1 となる論理式を最小項という．表 2.1 の真理値表の入力に対する最小項を**表 2.2** に示す．表において各入力と最小項は 1：1 に対応しており，最小項に対応していない入力を代入すると 0 になる．

・最小項には全ての入力変数が 1 個ずつ含まれる．入力が A,B,C の 3 変数であっても変数 C が含まれない 2 変数項 A･B も存在する．しかし 2 変数項は 2 変数しか存在しないのではなく，他の 1 変数は 0 でも 1 でも良いことを示している．すなわち，$\mathrm{A \cdot B = A \cdot B \cdot 1 = A \cdot B \cdot (C + \overline{C}) = (A \cdot B \cdot C) + (A \cdot B \cdot \overline{C})}$ ということで，2 つの最小項の論理和になっている．

表 2.2　表 2.1 の真理値表の入力に対する最小項

入力			最小項
A	B	C	
0	0	0	$\overline{\mathrm{A}} \cdot \overline{\mathrm{B}} \cdot \overline{\mathrm{C}}$
0	0	1	$\overline{\mathrm{A}} \cdot \overline{\mathrm{B}} \cdot \mathrm{C}$
0	1	0	$\overline{\mathrm{A}} \cdot \mathrm{B} \cdot \overline{\mathrm{C}}$
0	1	1	$\overline{\mathrm{A}} \cdot \mathrm{B} \cdot \mathrm{C}$
1	0	0	$\mathrm{A} \cdot \overline{\mathrm{B}} \cdot \overline{\mathrm{C}}$
1	0	1	$\mathrm{A} \cdot \overline{\mathrm{B}} \cdot \mathrm{C}$
1	1	0	$\mathrm{A} \cdot \mathrm{B} \cdot \overline{\mathrm{C}}$
1	1	1	$\mathrm{A} \cdot \mathrm{B} \cdot \mathrm{C}$

② 加法標準形の求め方

・真理値表の出力＝1となる入力の最小項の論理和をとった論理関数を加法標準形という.

・論理和をとる理由は，最小項の1つが1となると論理関数出力が1となるからである.

・表2.1の真理値表で，出力が1となる4個の入力(A,B,C)＝(0,0,1),(0,1,1),(1,0,0),(1,0,1)に対する最小項を表2.2 から求めると，順に $\overline{A}\cdot\overline{B}\cdot C$，$\overline{A}\cdot B\cdot C$，$A\cdot\overline{B}\cdot\overline{C}$，$A\cdot\overline{B}\cdot C$ である.

・従って表2.1の真理値表を満たす加法標準形は，上記4個の最小項の論理和をとった論理関数で以下となる.

$$f=(\overline{A}\cdot\overline{B}\cdot C)+(\overline{A}\cdot B\cdot C)+(A\cdot\overline{B}\cdot\overline{C})+(A\cdot\overline{B}\cdot C) \quad \cdots\cdots\cdots \quad (2\text{-}20)$$

・表2.1の真理値表で，出力が0となる残りの4個の入力(A,B,C)＝(0,0,0),(0,1,0),(1,1,0),(1,1,1)を(2-20)式に与えると，各入力に対する上記4個の最小項（論理積）は全て0になり，従ってfも0となることから(2-20)式は表2.1の真理値表を実現する関数である.

・加法標準形のように，複数の論理積の論理和をとった形の関数を「積和」形という.

・一般的な積和形は，加法標準形のように全ての入力変数が1個ずつ含まれていなくてもよい．従って加法標準形は，積和形に属する特殊な関数形といえる.

③ 加法標準形への変換

・標準形でない論理関数を加法標準形に変換することができる.

・加法標準形は最小項という論理積で構成されているので，最小項でない論理積を最小項にするため相補則 $(X+\overline{X}=1)$ と分配則 $(X\cdot(Y+Z)=(X\cdot Y)+(X\cdot Z))$ を利用する.

　例：$B\cdot\overline{C}=1\cdot B\cdot\overline{C}=(A+\overline{A})\cdot B\cdot\overline{C}=(A\cdot B\cdot\overline{C})+(\overline{A}\cdot B\cdot\overline{C})$

・論理和は，分配則：$X\cdot(Y+Z)=(X\cdot Y)+(X\cdot Z)$ を利用して論理積に変換する.

・例として $f=(A\cdot\overline{B\cdot C})+((\overline{\overline{B}\cdot C})\cdot(\overline{A}\cdot\overline{C}))$ を加法標準形に変換する．なお，下記変換過程における公理や定理は1つ上の式に適用したことを示す.

・$f=(A\cdot\overline{B\cdot C})+((\overline{\overline{B}\cdot C})\cdot(\overline{A}\cdot\overline{C}))$

・－ ド・モルガンの定理：$f=(A\cdot(\overline{B}+\overline{C}))+((B+\overline{C})\cdot(\overline{A}\cdot\overline{C}))$

・－ 分配則：$f=(A\cdot\overline{B})+(A\cdot\overline{C})+(\overline{A}\cdot B\cdot\overline{C})+(\overline{A}\cdot\overline{C}\cdot\overline{C})$

・－ べき等則：$f=(A\cdot\overline{B})+(A\cdot\overline{C})+(\overline{A}\cdot B\cdot\overline{C})+(\overline{A}\cdot\overline{C})$

・－ 相補則 $(X+\overline{X}=1)$：

　$f=((A\cdot\overline{B})\cdot(C+\overline{C}))+((A\cdot\overline{C})\cdot(B+\overline{B}))+(\overline{A}\cdot B\cdot\overline{C})+((\overline{A}\cdot\overline{C})\cdot(B+\overline{B}))$

・- 分配則：

$$f=(A\cdot\overline{B}\cdot C)+(A\cdot\overline{B}\cdot\overline{C})+(A\cdot B\cdot\overline{C})+(A\cdot\overline{B}\cdot\overline{C})+(\overline{A}\cdot B\cdot\overline{C})+(\overline{A}\cdot B\cdot\overline{C})+(\overline{A}\cdot\overline{B}\cdot\overline{C})$$

・- べき等則：$f=(\overline{A}\cdot\overline{B}\cdot\overline{C})+(\overline{A}\cdot B\cdot\overline{C})+(A\cdot\overline{B}\cdot\overline{C})+(A\cdot\overline{B}\cdot C)+(A\cdot B\cdot\overline{C})$ … (2-21)

・論理関数 f の最小項は (2-21)式の論理積なので，各最小項に対応する入力，すなわち出力に 1 を与える入力は (0,0,0),(0,1,0),(1,0,0),(1,0,1),(1,1,0) であり，それ以外の入力に対する出力は 0 なので，**表 2.3** の真理値表を得ることができる．

表 2.3　変換された加法標準形から導出した真理値表

入力			出力
A	B	C	f
0	0	0	1
0	0	1	0
0	1	0	1
0	1	1	0
1	0	0	1
1	0	1	1
1	1	0	1
1	1	1	0

2）乗法標準形

① 最大項

・入力 (A,B,C) に対して (A or $\overline{A}$) と (B or $\overline{B}$) と (C or $\overline{C}$) の論理和が 0 となる論理式を最大項という．表 2.1 の真理値表の入力に対する最大項を**表 2.4** に示す．表において各入力と最大項は 1 : 1 に対応しており，最大項に対応していない入力を代入すると 1 になる．

・最大項には全ての入力変数が 1 個ずつ含まれる．入力が A,B,C の 3 変数であっても変数 C が含まれない 2 変数項 A＋B も存在する．しかし 2 変数項は 2 変数しか存在しないのではなく，他の 1 変数は 0 でも 1 でも良いことを示している．

すなわち，A＋B は，$A+B=A+B+0=(A+B)+(C\cdot\overline{C})=(A+B+C)\cdot(A+B+\overline{C})$ ということで，2 つの最大項の論理積になっている．

表 2.4　表 2.1の真理値表の入力に対する最大項

入力 A	入力 B	入力 C	最大項
0	0	0	$A+B+C$
0	0	1	$A+B+\overline{C}$
0	1	0	$A+\overline{B}+C$
0	1	1	$A+\overline{B}+\overline{C}$
1	0	0	$\overline{A}+B+C$
1	0	1	$\overline{A}+B+\overline{C}$
1	1	0	$\overline{A}+\overline{B}+C$
1	1	1	$\overline{A}+\overline{B}+\overline{C}$

② 乗法標準形の求め方

・真理値表の出力 ＝0 となる入力の最大項の論理積をとった論理関数を乗法標準形という．

・論理積をとる理由は，最大項の 1 つが 0 となると論理関数出力が 0 となるからである．

・表 2.1 の真理値表で，出力が 0 となる 4 個の入力(A,B,C)＝(0,0,0),(0,1,0),(1,1,0),(1,1,1) に対する最大項を表 2.4 から求めると，順に $A+B+C$，$A+\overline{B}+C$，$\overline{A}+\overline{B}+C$，$\overline{A}+\overline{B}+\overline{C}$ である．

・従って表 2.1 の真理値表を満たす乗法標準形は，上記 4 個の最大項の論理積をとった論理関数で以下となる．

$$f=(A+B+C)\cdot(A+\overline{B}+C)\cdot(\overline{A}+\overline{B}+C)\cdot(\overline{A}+\overline{B}+\overline{C}) \quad \cdots\cdots\cdots\cdots \quad (2\text{-}22)$$

・表 2.1 の真理値表で，出力が 1 となる残りの 4 個の入力 (A,B,C)＝(0,0,1),

(0,1,1),(1,0,0),(1,0,1) を (2-22)式に与えると，各入力に対する上記 4 個の最大項（論理和）は全て 1 になり，従って f も 1 となることから (2-22)式は表 2.1 の真理値表を実現する関数である．

・乗法標準形のように，複数の論理和の論理積をとった関数の形を「和積」形という．

・一般的に和積形は，乗法標準形のように全ての入力変数が 1 個ずつ含まれていなくてもよい．従って乗法標準形は，和積形に属する特殊な関数形といえる．

③ 乗法標準形への変換

・標準形でない論理関数を乗法標準形に変換することができる．

・乗法標準形は最大項という論理和で構成されているので，最大項でない論理和を最大項にするため相補則 $(X \cdot \overline{X} = 0)$ と分配則 $(X+(Y \cdot Z) = (X+Y) \cdot (X+Z))$ を利用する．

例：$B+\overline{C} = 0+(B+\overline{C}) = A \cdot \overline{A}+(B+\overline{C}) = (A+B+\overline{C}) \cdot (\overline{A}+B+\overline{C})$

・論理積は，分配則：$X+(Y \cdot Z) = (X+Y) \cdot (X+Z)$ を利用して論理和に変換する．

・加法標準形に変形した関数：$f = (A \cdot \overline{B \cdot C})+((\overline{\overline{B} \cdot C}) \cdot (\overline{A} \cdot \overline{C}))$ と同じ関数を乗法標準形に変形する．従って乗法標準形から得られる真理値表は，加法標準形から得られた真理値表（表 2.3）と同じになる．なお下記の公理や定理は上式に適用したことを示す．

・$f = (A \cdot \overline{B \cdot C})+((\overline{\overline{B} \cdot C}) \cdot (\overline{A} \cdot \overline{C}))$

・－ 分配則：$f = ((A \cdot \overline{B \cdot C})+(\overline{\overline{B} \cdot C})) \cdot ((A \cdot \overline{B \cdot C})+(\overline{A} \cdot \overline{C}))$

・－ ド・モルガンの定理：$f = ((A \cdot (\overline{B}+\overline{C}))+(B+\overline{C})) \cdot ((A \cdot (\overline{B}+\overline{C}))+(\overline{A} \cdot \overline{C}))$

・－ 分配則：$f = (A+(B+\overline{C})) \cdot ((\overline{B}+\overline{C})+(B+\overline{C})) \cdot (A+(\overline{A} \cdot \overline{C})) \cdot ((\overline{B}+\overline{C})+(\overline{A} \cdot \overline{C}))$

・－ 吸収則（$X+(\overline{X} \cdot Y) = X+Y$ より $A+(\overline{A} \cdot \overline{C}) = A+\overline{C}$，$X+(X \cdot Y) = X$ より $\overline{C}+(\overline{A} \cdot \overline{C}) = \overline{C}$）：$f = (A+B+\overline{C}) \cdot (\overline{B}+B+\overline{C}+\overline{C}) \cdot (A+\overline{C}) \cdot (\overline{B}+\overline{C})$

・－ 相補則（$X+\overline{X} = 1$）：$f = (A+B+\overline{C}) \cdot (A+\overline{C}) \cdot (\overline{B}+\overline{C})$

・－ 相補則（$X \cdot \overline{X} = 0$）：$f = (A+B+\overline{C}) \cdot (A+\overline{B} \cdot B+\overline{C}) \cdot (A \cdot \overline{A}+\overline{B}+\overline{C})$

・－ 分配則：$f = (A+B+\overline{C}) \cdot (A+\overline{B}+\overline{C}) \cdot (A+B+\overline{C}) \cdot (A+\overline{B}+\overline{C}) \cdot (\overline{A}+\overline{B}+\overline{C})$

・－ べき等則：$\underline{f = (A+B+\overline{C}) \cdot (A+\overline{B}+\overline{C}) \cdot (\overline{A}+\overline{B}+\overline{C})}$ ……………………… (2-23)

・論理関数 f の最大項は (2-23)式の論理和なので，各最大項に対応する入力，すなわち出力に 0 を与える入力は (0,0,1),(0,1,1),(1,1,1) であり，それ以外の入力に対する出力は 1 なので，加法標準形から導出した表 2.3 の真理値表と同じ真理値表を得ることができる．

練習 2.7　次の真理値表を加法標準形で表せ.

入力			出力
A	B	C	f
0	0	0	1
0	0	1	0
0	1	0	1
0	1	1	0
1	0	0	0
1	0	1	1
1	1	0	0
1	1	1	1

練習 2.8　練習 2.7 の真理値表を乗法標準形で表せ.

練習 2.9　加法標準形で表された論理関数 $f=(A\cdot B\cdot \overline{C})+(A\cdot \overline{B}\cdot \overline{C})+(\overline{A}\cdot B\cdot C)+(\overline{A}\cdot \overline{B}\cdot C)+(\overline{A}\cdot \overline{B}\cdot \overline{C})$ を乗法標準形に変換せよ.

（3）論理関数の簡単化

1）カルノー図

・カルノー図は論理関数を簡単化するため，真理値表をまとめ直したものである.

・変数が A，B，C だとすると，(A,B) と C の 2 組に分ける.

・A と B の組み合わせは (A,B)＝(0,0)，(0,1)，(1,0)，(1,1) の 4 通りあるが，この順序ではなく**図 2.1** に示す反転サークルの順に**図 2.2** に示すように (0,0)，(0,1)，(1,1)，(1,0) の順に縦に並べる.

・詳細は後述するが，このように 2 変数のうち 1 変数のみ反転させて並べることにより隣り合う項が存在するときは，分配則を適用し，相補則 ($A\cdot\overline{A}=0$ や $A+\overline{A}=1$) を使って相補則を満たす変数を削減することができ，これが簡単化を可能にする.

・(A,B)＝(0,1)→(1,0) と並べると，2 変数 A,B が同時に反転されているので，隣り合う項が存在しても分配則を適用することはできない.

・もう 1 つの変数 C のとりうる値は，0,1 の 2 つであり，図 2.2 に示すように横に順に並べる.

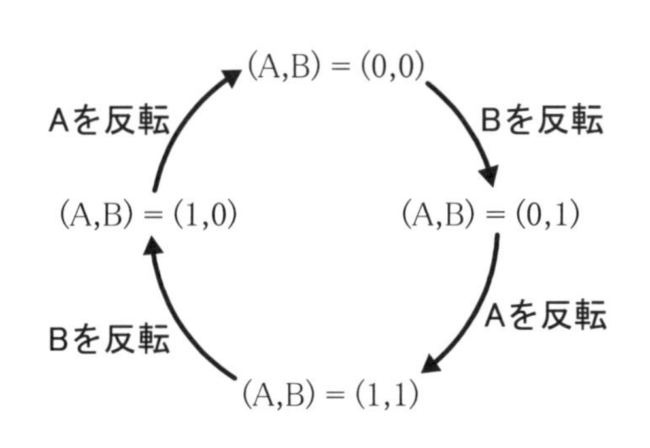

図 2.1　変数(A,B)の反転サークル

A	B	C	
		0	1
0	0	0	1
0	1	0	1
1	1	0	0
1	0	1	1

図 2.2　出力 f のカルノー図

・例として，このカルノー図に表 2.1 真理値表の A,B,C 入力に対する f 出力を記入する．

・例えば真理値表で (A,B,C)＝(0,0,1) のとき出力 f＝1 であるので，カルノー図で (A,B)＝(0,0) 行と C＝1 列が交錯する箇所に 1 を記入する．同様に真理値表の全ての入力 (A,B,C) に対する出力 f を図 2.2 のカルノー図に記入する．

・逆に，図 2.2 のカルノー図の (A,B,C)＝(1,0,0) の位置にある論理値は 1 で最小項なので，その論理式は $(A \cdot \overline{B} \cdot \overline{C})$ となる．また (A,B,C)＝(0,1,0) の位置にある論理値は 0 で最大項なので，その論理式は $(A + \overline{B} + C)$ となる．このようにカルノー図から論理式がわかる．

・以下では，表 2.1 の真理値表を満たす加法標準形の論理関数 ((2–20)式) と乗法標準形の論理関数 ((2–22)式) をカルノー図を用いて簡単化する．

① 加法標準形の簡単化

・(2–20)式の加法標準形の論理関数の出力 f を f_{add} として下記に再掲する．

$$f_{add} = (\overline{A} \cdot \overline{B} \cdot C) + (\overline{A} \cdot B \cdot C) + (A \cdot \overline{B} \cdot \overline{C}) + (A \cdot \overline{B} \cdot C) \quad \cdots\cdots (2\text{–}20)$$

・論理和をとるにあたって，隣り合う 1 同士の論理和を優先する．

・**図 2.3** に加法標準形の簡単化に適用するカルノー図を示す．加法標準形は最小項から構成されるので，カルノー図には真理値表の 1 だけを記載してある．図 2.3 に示すように，隣り合う 1 は 2 か所あるので，C＝1 列にある縦 2 マスの論理和と (A,B)＝(1,0) 行にある横 2 マスの論理和をとって，それぞれに分配則と相補則を適用すると次になる．

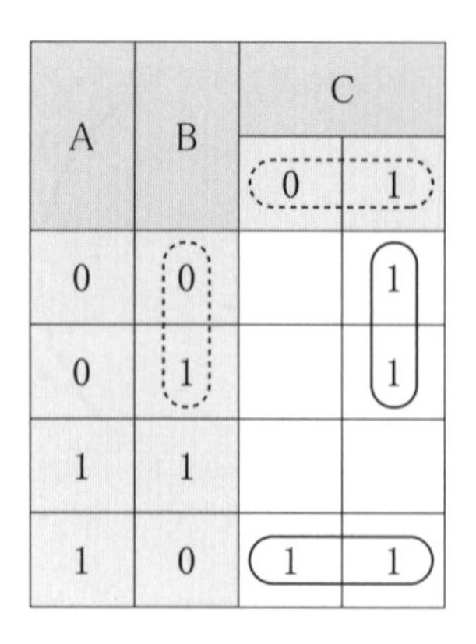

A	B	C	
		0	1
0	0		1
0	1		1
1	1		
1	0	1	1

図 2.3　カルノー図の加法標準形への適用

$$縦2マスの論理和 = (\overline{A}\cdot\overline{B}\cdot C)+(\overline{A}\cdot B\cdot C) = (\overline{A}\cdot C)\cdot(\overline{B}+B) = (\overline{A}\cdot C)\cdot 1 = (\overline{A}\cdot C)$$

$$横2マスの論理和 = (A\cdot\overline{B}\cdot\overline{C})+(A\cdot\overline{B}\cdot C) = (A\cdot\overline{B})\cdot(\overline{C}+C) = (A\cdot\overline{B})\cdot 1 = (A\cdot\overline{B})$$

・縦 2 マス論理和と横 2 マス論理和の論理和をとれば，論理積が 1 となる 4 項の論理和を計算したことになるので，出力 f_{add} は以下になる．

$$f_{add} = (\overline{A}\cdot C)+(A\cdot\overline{B}) \quad \cdots\cdots (2\text{-}24)$$

・(2-20)式と (2-24)式を比較すると，論理積が 3 項から 2 項に，論理和が 4 項から 2 項に削減されている．

・このような簡単化ができたのは，相補則 ($\overline{B}+B = \overline{C}+C = 1$) を適用できたおかげであり，カルノー図は，相補則を適用できる 2 項を簡単に見つけられる手段であるといえる．

② 乗法標準形の簡単化

・(2-22)式の乗法標準形の論理関数の出力 f を f_{mul} として下記に再掲する．

$$f_{mul} = (A+B+C)\cdot(A+\overline{B}+C)\cdot(\overline{A}+\overline{B}+C)\cdot(\overline{A}+\overline{B}+\overline{C}) \quad \cdots\cdots (2\text{-}22)$$

・論理積をとるにあたって，隣り合う 0 同士の論理積を優先する．

・**図 2.4** に乗法標準形の簡単化に適用するカルノー図を示す．乗法標準形は最大項から構成されるので，カルノー図には真理値表の 0 だけを記載してある．図 2.4 に示すように，隣り合う 0 は 2 か所あるので，C＝0 列にある縦 2 マスの論理積と (A,B)＝(1,1)行にある横 2 マスの論理積をとって，それぞれに分配則と相補則を適用すると以下になる．

縦長の論理積 $=(A+B+C)\cdot(A+\overline{B}+C)=(A+C)+(\overline{B}\cdot B)=(A+C)+0$
$=(A+C)$

横長の論理積 $=(\overline{A}+\overline{B}+C)\cdot(\overline{A}+\overline{B}+\overline{C})=(\overline{A}+\overline{B})+(\overline{C}\cdot C)=(\overline{A}+\overline{B})+0$
$=(\overline{A}+\overline{B})$

A	B	C	
		0	1
0	0	0	
0	1	0	
1	1	0	0
1	0		

図 2.4　カルノー図の乗法標準形への適用

・縦長論理積と横長論理積の論理積をとれば，論理和が 0 となる 4 項の論理積を計算したことになるので，出力 f_{mul} は以下のような 2 項の和積になり，論理式を大幅に簡単化することができる．

$$f_{mul}=(A+C)\cdot(\overline{A}+\overline{B}) \qquad (2\text{-}25)$$

・(2-22)式と (2-25)式を比較すると，論理和が 3 項から 2 項に，論理積が 4 項から 2 項に削減されている．

・このように加法標準形と同様にカルノー図によって乗法標準形も簡単化が可能であることがわかる．

練習 2.10　$f=(\overline{A}\cdot\overline{B}\cdot\overline{C})+(A\cdot\overline{B}\cdot\overline{C})+(\overline{A}\cdot B\cdot C)+(A\cdot B\cdot C)$ を簡単化せよ．

練習 2.11　$f=(\overline{A}\cdot B\cdot\overline{C})+(A\cdot B\cdot C)+(\overline{A}\cdot B\cdot C)+(A\cdot B\cdot\overline{C})$ を簡単化せよ．

練習 2.12　$f=(\overline{A}\cdot\overline{B}\cdot C)+(\overline{A}\cdot\overline{B}\cdot\overline{C})+(A\cdot\overline{B}\cdot C)+(A\cdot\overline{B}\cdot\overline{C})$ を簡単化せよ．

練習 2.13　$f=(\overline{A}\cdot B\cdot C)+(A\cdot B\cdot C)+(A\cdot B\cdot\overline{C})$ を簡単化せよ．

2）禁止項を利用した論理式の簡単化

・表 2.1 の真理値表を実現する回路では，3 つの論理変数 (A,B,C) の全ての組み合わせ : (0,0,0),(0,0,1),(0,1,0),(0,1,1),(1,0,0),(1,0,1),(1,1,0),(1,1,1) が入力されると仮定し，加法標準形では (2-20)式 : $f=(\overline{A}\cdot\overline{B}\cdot C)+(\overline{A}\cdot B\cdot C)+(A\cdot\overline{B}\cdot\overline{C})+(A\cdot\overline{B}\cdot C)$ を，乗法標準形では (2-22)式 : $f=(A+B+C)\cdot(A+\overline{B}+C)\cdot(\overline{A}+\overline{B}+C)\cdot(\overline{A}+\overline{B}+\overline{C})$ をそれぞれ導出した．

・しかし，設計する回路によっては入力変数 A,B,C の全ての組み合わせが入力ではない場合がある．すなわち，存在しない入力の組み合わせがある場合もある．存在しない入力の組み合わせを禁止項またはドント・ケアという．そこで，表 2.1 の真理値表で入力 (A,B,C) = (0,1,1) と (1,1,0) が存在しない禁止項だと仮定すると**表 2.5** の真理値表を得る．

表 2.5　存在しない入力のある真理値表

	入力 A	入力 B	入力 C	出力 f
	0	0	0	0
	0	0	1	1
	0	1	0	0
禁止項	(0)	(1)	(1)	#
	1	0	0	1
	1	0	1	1
禁止項	(1)	(1)	(0)	#
	1	1	1	0

・表 2.5 の真理値表において，禁止項に対する出力を # とした．禁止項入力は回路に与えられることがないので，出力 # は 1 でも 0 でもよい．

・# を 1 にするか 0 にするかは，カルノー図等で，どちらの方がより論理式が簡単になるかという観点で選択すればよい．

・表 2.5 のカルノー図を**図 2.5** に示す．

・図 2.5 のカルノー図において，(a)は # = 0 とみなした場合の乗法標準形の簡単化，(b)は # = 1 とみなした場合の加法標準形の簡単化である．

・# = 0 とみなした場合，図 2.5(a)に示すように，縦 2 マス，横 2 マスの計 4 マスで簡単化できる．縦 2 マスの論理積 : $(A+\overline{B})\cdot(\overline{A}+\overline{B})=(A\cdot\overline{A})+\overline{B}=\overline{B}$ となるため論理変数 A が消去され，横 2 マスの論理積 : $(C\cdot\overline{C})=0$ となるため論理変数 C が消去される．結果，4 マスの論理積は $\overline{B}$ に簡単化される．また C

＝0 列の上 2 マスの論理積：$(A+B)\cdot(A+\overline{B})=A+(B\cdot\overline{B})=A$ となるため論理変数 B が消去され，C＝0 なので論理変数 C が残り，上 2 マスの論理和は $(A+C)$ に簡単化される．

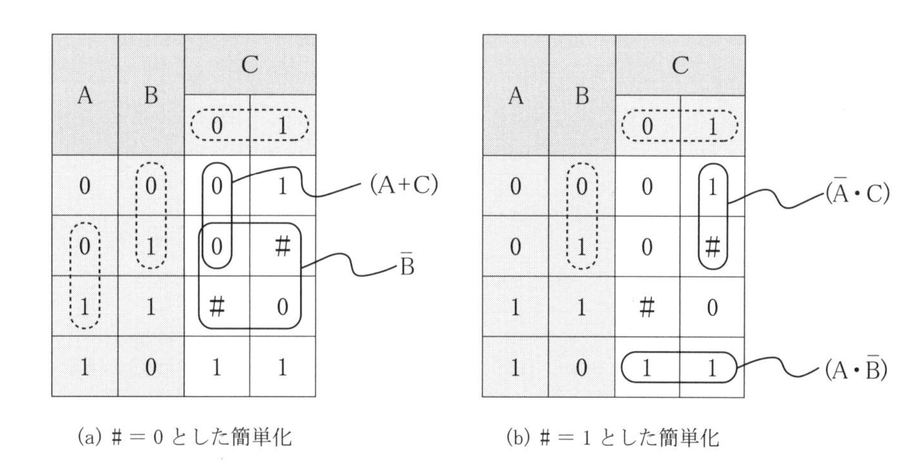

(a) #＝0 とした簡単化　　(b) #＝1 とした簡単化

図 2.5　禁止項を含んだカルノー図

・結果，#＝0 として簡単化した関数は $f=\overline{B}\cdot(A+C)$ となる．

・#＝1 とみなした場合，図 2.5(b)に示すように，

$$\text{縦 2 マスの論理和}=(\overline{A}\cdot\overline{B}\cdot C)+(\overline{A}\cdot B\cdot C)=(\overline{A}\cdot C)\cdot(\overline{B}+B)=(\overline{A}\cdot C)\cdot 1$$
$$=(\overline{A}\cdot C)$$
$$\text{横 2 マスの論理和}=(A\cdot\overline{B}\cdot\overline{C})+(A\cdot\overline{B}\cdot C)=(A\cdot\overline{B})\cdot(\overline{C}+C)=(A\cdot\overline{B})\cdot 1$$
$$=(A\cdot\overline{B})$$

となり，#＝1 として簡単化した関数は $f=(\overline{A}\cdot C)+(A\cdot\overline{B})$ となる．

・以上の結果から表 2.5 の真理値表を回路化する場合には#＝0 とみなした方が回路が簡単になることがわかる．

・禁止項を含む簡単化の例として (2-26)式の加法標準形をカルノー図を用いて簡単化する．

$$f=(\overline{A}\cdot B\cdot\overline{C}\cdot\overline{D})+(\overline{A}\cdot\overline{B}\cdot\overline{C}\cdot D)+(\overline{A}\cdot B\cdot\overline{C}\cdot D)+(A\cdot B\cdot\overline{C}\cdot D)+(A\cdot\overline{B}\cdot\overline{C}\cdot D)+(A\cdot B\cdot C\cdot\overline{D}) \quad \text{(2-26)}$$

・禁止項は，C＝D＝1 となるような入力とする．

・変数は A,B,C,D の 4 つなので，(A,B) の組と (C,D) の組に分けて考える．

・**図 2.6** に示すように (A,B) の組み合わせは図 2.1 の反転サークルに従って縦に並べる．(C,D) の組み合わせも反転サークルに従って横に順に並べる．

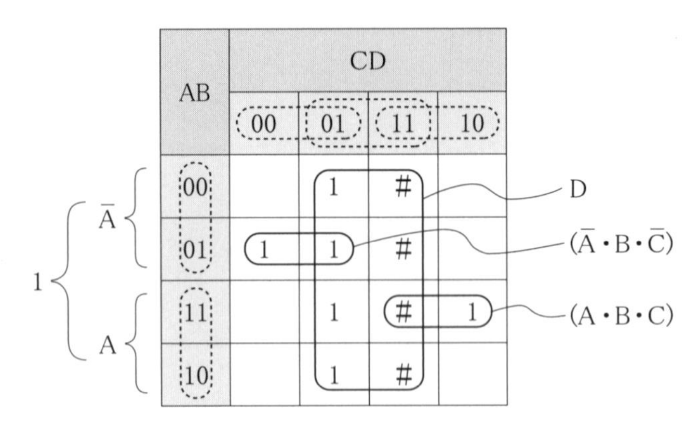

図 2.6　禁止項を用いた 4 変数のカルノー図

・(2-26)式の最小項が 1 になるのは (A,B,C,D) = (0,1,0,0),(0,0,0,1),(0,1,0,1),(1,1,0,1),(1,0,0,1),(1,1,1,0) の組み合わせなので，その位置に 1 を記入する(図 2.6).

・C = D = 1 のときの禁止項は，(A,B,C,D) = (0,0,1,1),(0,1,1,1),(1,0,1,1),(1,1,1,1) となり，これらの出力が # なので図 2.6 のカルノー図で上記入力に対応する位置に # を記入する．

・# は 1 でも 0 でもよいが，(C,D) = (0,1) の列が 1 なので # を 1 とした方が横 2 マス，縦 4 マスの計 8 マスで簡単化できるので得策である．

・8 マスの簡単化では，縦方向の上 2 マスと下 2 マスで B が相補則：$B+\overline{B}=1$ で消去され，上 2 マスから $\overline{A}$ が残り，下 2 マスから A が残り，これらの論理和が相補則：$A+\overline{A}=1$ で消去されるため論理変数の A と B はともに消去される．横方向の 2 マスは C が相補則：$C+\overline{C}=1$ で消去され D = 1 であるので D だけが残る．

・(A,B) = (0,1) 行の横 2 マスの論理和の結果，D が相補則：$D+\overline{D}=1$ で消去されるので論理式は $\overline{A}\cdot B\cdot \overline{C}$ となる．

・(A,B) = (1,1) 行の横 2 マスの論理和の結果，D が相補則：$D+\overline{D}=1$ で消去されるので論理式は $A\cdot B\cdot C$ となる．

・結果，禁止項を利用することにより (2-26)式の論理関数は，$f=D+(\overline{A}\cdot B\cdot \overline{C})+(A\cdot B\cdot C)$ と簡単化される．

練習 2.14 下の真理値表をもつ論理回路がある．ただし A, B, C, D は入力，f は出力である．存在しない入力を利用して論理式を簡単化せよ．

A	B	C	D	f
0	0	0	1	0
0	0	1	1	1
0	1	0	0	1
0	1	0	1	0
0	1	1	1	0
1	0	0	1	0
1	0	1	0	1
1	1	0	0	1
1	1	1	1	1

第3章　組み合わせ論理回路

組み合わせ論理回路

・出力が，現在の入力だけに依存し，過去の出力の影響を受けない論理関数で表される回路を**組み合わせ論理回路**という．

・**図 3.1** に組み合わせ論理回路の入力と出力の関係を示す．一般に複数の信号が組み合わせ論理回路に入力され，複数の信号が出力される．入力と出力の関係は，第 2 章で述べた論理関数で与えられる．

・以下では図 3.1 の組み合わせ論理回路の中身について述べる．

図 3.1　組み合わせ論理回路のブロック図

3.1　論理ゲート

シンボル

論理ゲート

・第 2 章で述べた論理関数を構成する 3 つの演算（AND，OR，NOT）にシンボルを与え，論理関数を回路図化する．これらのシンボルに対応する回路を**論理ゲート**とよぶ．

・論理ゲートには AND，OR，NOT 以外に，AND の否定である NAND や，OR の否定である NOR 等がある．

・以下では 2 入力の論理ゲートを例に説明するが，入力数に制限はない．

AND ゲート

（1）AND ゲート

・AND は 2.1 節(1)の論理積である．AND のシンボルを**図 3.2** に示す．

・入力を A と B，出力を C とすると，AND の論理式は C = A·B である．AND の真理値表は(2-1)式，(2-2)式，および(2-3)式より得られる．**表 3.1** に AND の真理値表を示す．

真理値表

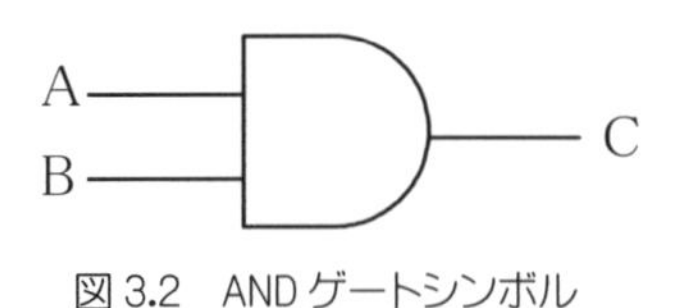

図 3.2　AND ゲートシンボル

表 3.1　AND の真理値表

A	B	C
0	0	0
0	1	0
1	0	0
1	1	1

OR ゲート

（2）OR ゲート

・OR は 2.1 節(2)の論理和である．OR のシンボルを**図 3.3** に示す．

・入力を A と B，出力を C とすると，OR の論理式は C＝A＋B である．OR の真理値表は(2-4)式，(2-5)式，および(2-6)式より得られる．**表 3.2** に OR の真理値表を示す．

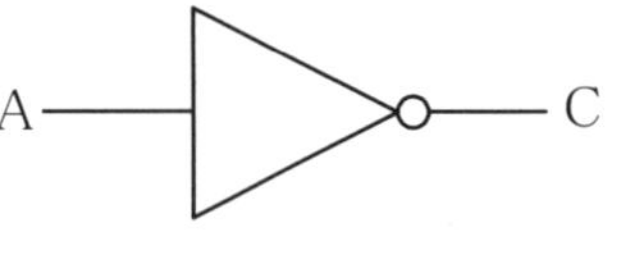

図 3.3　OR ゲートシンボル

表 3.2　OR の真理値表

A	B	C
0	0	0
0	1	1
1	0	1
1	1	1

NOT ゲート

（3）NOT ゲート

・NOT は 2.1 節(3)の否定である．NOT のシンボルを**図 3.4** に示す．

・入力を A，出力を C とすると，NOT の論理式は $C=\overline{A}$ である．NOT の真理値表は (2-7) 式および (2-8) 式より得られる．**表 3.3** に NOT の真理値表を示す．

図 3.4　NOT ゲートシンボル

表 3.3　NOT の真理値表

A	C
0	1
1	0

NAND ゲート

（4）NAND ゲート

・NAND の機能は，AND 出力の否定（NOT）である．

・入力を A, B，出力を C とすると，NAND の論理式は $C=\overline{A \cdot B}$ で表される．NAND の真理値表を**表 3.4** に示す. 表 3.4 より NAND 出力が 0 となるのは A＝

B＝1のときだけで，他の場合（A，Bのうち少なくとも1つが0の場合）出力は1となる．

・この論理はAとBのANDであるA･Bを否定して出力するので，シンボルは**図 3.5**(a)となる．

・(2-19) 式：ド･モルガンの定理により上記論理式は，$C=\overline{A \cdot B}=\overline{A}+\overline{B}$ と変形することができる．この論理はAとBを否定したものをOR出力するので，シンボルは図 3.5(b)となる．

・AND シンボルの出力部や OR シンボルの入力部にある○印は，否定（NOT）を示している．

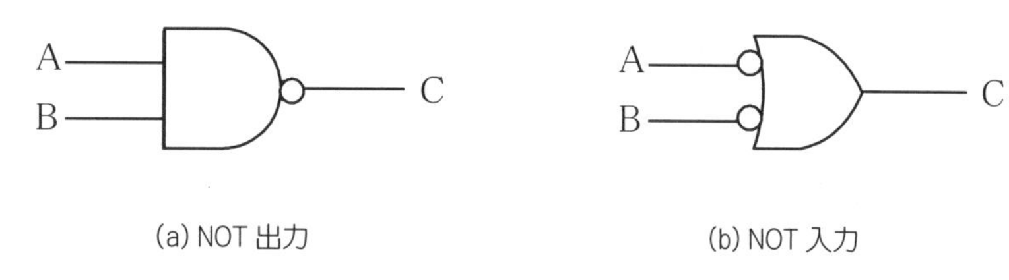

図 3.5　NAND ゲートシンボル

真理値表

表 3.4　NAND の真理値表

A	B	C
0	0	1
0	1	1
1	0	1
1	1	0

・**図 3.6** に NAND の動作を示す．図 3.6(a), (b) に示すように NAND の片方（上側）が1のとき，他方（下側）が1ならば出力は0に，他方（下側）が0ならば出力は1になる．すなわち NAND の片側が1のとき他方の入力 A（A＝0 or 1）は，図 3.6(c) に示すように $\overline{A}$ に反転する．

・また図 3.6(d) に示すように NAND の片方（上側）が0のとき，他方の入力は無視されて（A＝0でも1でも）出力は1になる．

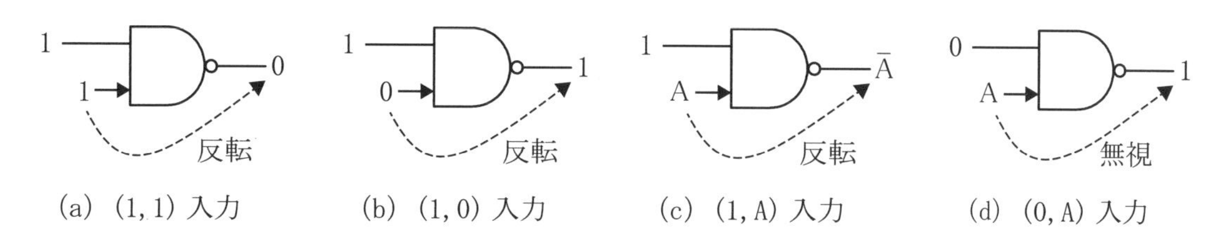

図 3.6　NAND 動作

NORゲート

（5）NORゲート

・NORの機能は，OR出力の否定（NOT）である．

・入力をA,B，出力をCとすると，NORの論理式は $C=\overline{A+B}$ で表される．NORの真理値表を**表3.5**に示す．この論理はAとBのORであるA+Bを否定して出力するので，シンボルは**図3.7**(a)となる．

・(2-19) 式：ド・モルガンの定理により上記論理式は，$C=\overline{A+B}=\overline{A}\cdot\overline{B}$ と変形することができる．この論理はAとBを否定したものをAND出力するので，シンボルは図3.7(b)となる．

・ORシンボルの出力部やANDシンボルの入力部にある○印は，否定（NOT）を示している．

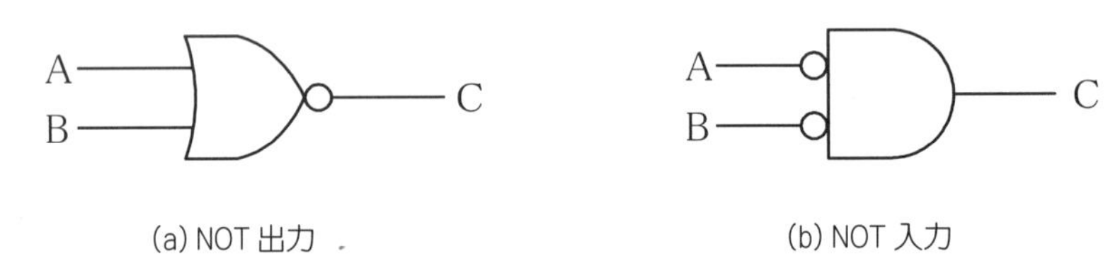

(a) NOT出力　　(b) NOT入力

図3.7　NORゲートシンボル

真理値表

表3.5　NORの真理値表

A	B	C
0	0	1
0	1	0
1	0	0
1	1	0

・**図3.8**にNORの動作を示す．図3.8(a), (b)に示すようにNORの片方（上側）が0のとき，他方（下側）が1ならば出力は0に，他方（下側）が0ならば出力は1になる．すなわちNORの片側が0のとき他方の入力A（A＝0 or 1）は，図3.8(c)に示すように $\overline{A}$ に反転する．

・また図3.8(d)に示すようにNORの片方（上側）が1のとき，他方の入力は無視されて（A＝0でも1でも）出力は0になる．

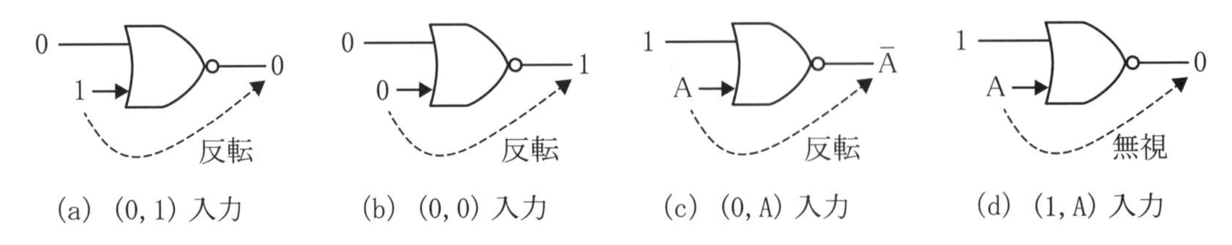

(a)（0, 1）入力　(b)（0, 0）入力　(c)（0, A）入力　(d)（1, A）入力

図3.8　NOR動作

EXOR ゲート

（6）EXOR（Exclusive OR）ゲート

・EXOR のシンボルを**図 3.9** に示す.
・EXOR は入力 A と B の値が一致したとき 0 を，異なるとき 1 を出力する.
・EXOR の真理値表を**表 3.6** に示す.

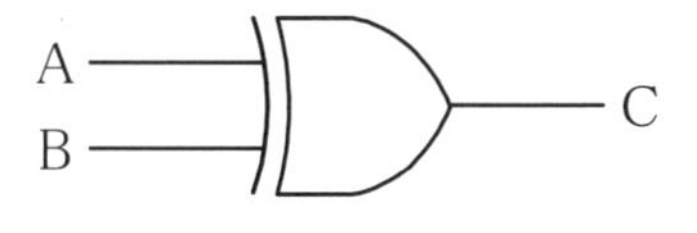

図 3.9　EXOR ゲートシンボル

表 3.6　EXOR の真理値表

A	B	C
0	0	0
0	1	1
1	0	1
1	1	0

EXNOR ゲート

（7）EXNOR（Exclusive NOR）ゲート

・EXNOR のシンボルを**図 3.10** に示す.
・EXNOR は EXOR と逆で，入力 A と B の値が一致したとき 1，異なるとき 0 を出力する.
・EXNOR の真理値表を**表 3.7** に示す.

表 3.7　EXNOR の真理値表

A	B	C
0	0	1
0	1	0
1	0	0
1	1	1

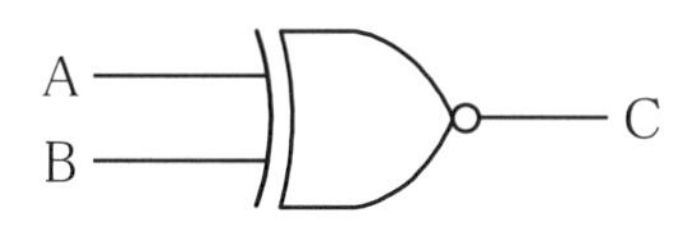

図 3.10　EXNOR ゲートシンボル

3.2　論理回路設計

・3.1 節で述べた論理ゲートを用いて，論理関数から組み合わせ論理回路を設計する.

（1）AND，OR，NOT ゲートによる設計

・AND，OR，NOT の 3 種類のゲートだけを用いて，全ての論理回路を設計することができる．以下では AND-OR 回路と OR-AND 回路について述べる.

AND-OR 回路

1）AND-OR（積和）回路

積和

・AND-OR 回路は，いくつかの積項をつくり，それらの和をとる回路である.

従って加法標準形の論理関数と同じ形である．例として，表 2.1 の真理値表を加法標準形で表した (2-20) 式の論理関数：

$$f=(\overline{A}\cdot\overline{B}\cdot C)+(\overline{A}\cdot B\cdot C)+(A\cdot\overline{B}\cdot\overline{C})+(A\cdot\overline{B}\cdot C)$$

を論理回路化する．

・入力は A，B，C であるので，$\overline{A}$，$\overline{B}$，$\overline{C}$ を NOT ゲートで作成し，4 つの 3 入力 AND (以下 3AND) で $\overline{A}\cdot\overline{B}\cdot C$，$\overline{A}\cdot B\cdot C$，$A\cdot\overline{B}\cdot\overline{C}$，$A\cdot\overline{B}\cdot C$ を作成する．最後にこれらを 4 入力 OR (以下 4OR) に入力し，4OR 出力を f とする．**図 3.11** に論理回路図を示す．

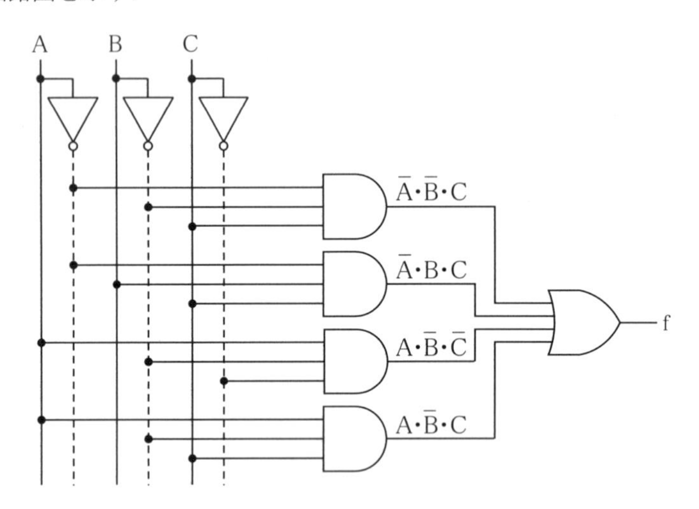

図 3.11　AND, OR, NOT ゲートによる論理回路（AND−OR 回路）

OR-AND 回路

2）OR-AND（和積）回路

和積

・OR-AND 回路は，いくつかの和項をつくり，それらの積をとる回路である．

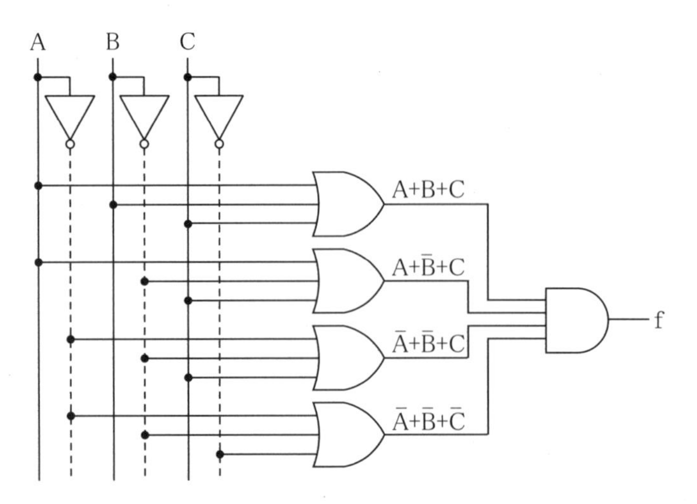

図 3.12　AND, OR, NOT ゲートによる論理回路（OR−AND 回路）

従って乗法標準形の論理関数と同じ形である．例として，表 2.1 の真理値表を乗法標準形で表した（2-22）式の論理関数：

$$f=(A+B+C)\cdot(A+\overline{B}+C)\cdot(\overline{A}+\overline{B}+C)\cdot(\overline{A}+\overline{B}+\overline{C})$$

を論理回路化する．

・入力は A，B，C であるので，$\overline{A}$，$\overline{B}$，$\overline{C}$ を NOT ゲートで作成し，4 つの 3OR で $A+B+C$，$A+\overline{B}+C$，$\overline{A}+\overline{B}+C$，$\overline{A}+\overline{B}+\overline{C}$ を作成する．最後にこれらを 4AND に入力し，4AND 出力を f とする．**図 3.12** に論理回路図を示す．

（2）NAND ゲートによる設計

・NAND ゲートだけを用いて全ての論理回路を設計することができる．ただし，NOT ゲートは 1 入力の NAND ゲートであるとし，NAND ゲートに含める．

・NAND 論理回路は，AND-OR 論理回路を変換することで得られる．変換する方法として，論理関数を用いて変換する方法と，論理回路図を用いて変換する方法がある．

・以下では，図 3.11 の AND-OR 論理回路を NAND 論理回路に変換する．この論理回路は表 2.1 の真理値表を実現するものである．

1）論理関数を用いた変換

・表 2.1 の真理値表を加法標準形で表した論理関数：(2-20)式

$$f=(\overline{A}\cdot\overline{B}\cdot C)+(\overline{A}\cdot B\cdot C)+(A\cdot\overline{B}\cdot\overline{C})+(A\cdot\overline{B}\cdot C)$$

を論理回路化する．

2 重否定

・まず，2 重否定しても論理は変わらないので，上記論理関数の右辺の 2 重否定をとる．

$$f=\overline{\overline{(\overline{A}\cdot\overline{B}\cdot C)+(\overline{A}\cdot B\cdot C)+(A\cdot\overline{B}\cdot\overline{C})+(A\cdot\overline{B}\cdot C)}}$$

・(2-19)式のド・モルガンの定理により和を積に変換する．

$$f=\overline{\overline{(\overline{A}\cdot\overline{B}\cdot C)}\cdot\overline{(\overline{A}\cdot B\cdot C)}\cdot\overline{(A\cdot\overline{B}\cdot\overline{C})}\cdot\overline{(A\cdot\overline{B}\cdot C)}}$$

・入力は A, B, C であるので, $\overline{A}$, $\overline{B}$, $\overline{C}$ を NOT ゲートで作成し, 4 つの 3NAND で $\overline{\overline{A}\cdot\overline{B}\cdot C}$, $\overline{\overline{A}\cdot B\cdot C}$, $\overline{A\cdot\overline{B}\cdot\overline{C}}$, $\overline{A\cdot\overline{B}\cdot C}$ を作成する．最後にこれらを 4NAND に入力し，4NAND 出力を f とする．**図 3.13** に論理回路図を示す．

・当然のことながら，図 3.11 と図 3.13 は同じ論理関数から求めた論理回路であるので等価である．

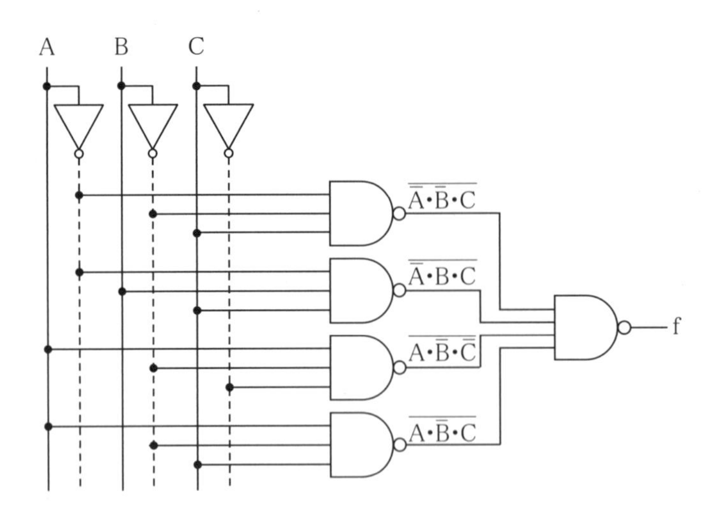

図 3.13　NAND ゲートによる論理回路

2）論理回路図を用いた変換

- 図 3.11 の論理回路図を用いて，図 3.13 の NAND ゲートによる論理回路を作成する方法を述べる．
- 2 重否定しても論理は変わらないので，図 3.11 の OR ゲート入力に否定の○を付け，AND ゲートの出力にも否定の○を付けると，論理は変化しない．OR ゲート入力と AND ゲート出力に否定の○を付けた論理回路を**図 3.14** に示す．
- 図 3.14 のように OR の入力に否定の○を付けると，図 3.5(b) の NAND シンボルになる．そこで，図 3.5(b) のシンボルを図 3.5(a) のシンボルで置き換えると，NAND ゲートで構成された図 3.13 を得ることができる．

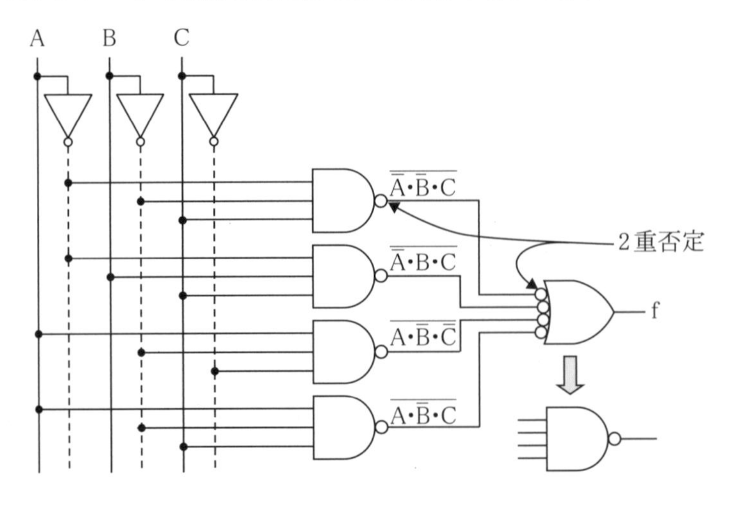

図 3.14　AND-OR 論理回路から NAND 論理回路への変換

（3）NOR ゲートによる設計

・NOR ゲートだけを用いて全ての論理回路を設計することができる．ただし，NOT ゲートは 1 入力の NOR ゲートであるとし，NOR ゲートに含める．

・ NOR 論理回路は，OR-AND 論理回路を変換することで得られる．変換する方法として，論理関数を用いて変換する方法と，論理回路図を用いて変換する方法がある．

・以下では，図 3.12 の OR-AND 論理回路を NOR 論理回路に変換する．この論理回路は表 2.1 の真理値表を実現するものである．

1）論理関数からの変換

・表 2.1 の真理値表を乗法標準形で表した論理関数：(2-22)式

$$f=(A+B+C)\cdot(A+\overline{B}+C)\cdot(\overline{A}+\overline{B}+C)\cdot(\overline{A}+\overline{B}+\overline{C})$$

を論理回路化する．

・まず，2 重否定しても論理は変わらないので，上記論理関数の右辺の 2 重否定をとる．

$$f=\overline{\overline{(A+B+C)\cdot(A+\overline{B}+C)\cdot(\overline{A}+\overline{B}+C)\cdot(\overline{A}+\overline{B}+\overline{C})}}$$

・(2-19)式のド･モルガンの定理により積を和に変換する．

$$f=\overline{\overline{(A+B+C)}+\overline{(A+\overline{B}+C)}+\overline{(\overline{A}+\overline{B}+C)}+\overline{(\overline{A}+\overline{B}+\overline{C})}}$$

・入力は A，B，C であるので，$\overline{A}$，$\overline{B}$，$\overline{C}$ を NOT ゲートで作成し，4 つの 3NOR で $\overline{A+B+C}$，$\overline{A+\overline{B}+C}$，$\overline{\overline{A}+\overline{B}+C}$，$\overline{\overline{A}+\overline{B}+\overline{C}}$ を作成する．最後にこれらを 4NOR に入力し，4NOR 出力を f とする．**図 3.15** に論理回路図を示す．

・当然のことながら，図 3.12 と図 3.15 は同じ論理関数から求めた論理回路であるので，等価である．

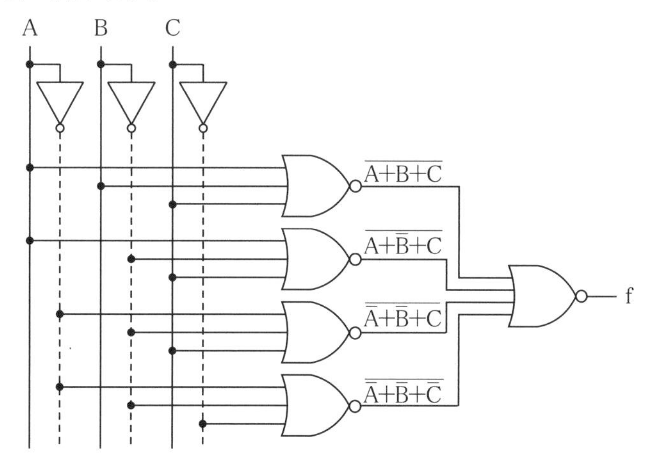

図 3.15　NOR ゲートによる論理回路

2）論理回路図を用いた変換

・図 3.12 の論理回路図を用いて，図 3.15 の NOR ゲートによる論理回路を作成する方法を述べる.

・2 重否定しても論理は変わらないので，図 3.12 の AND ゲート入力に否定の○を付け，OR ゲートの出力にも否定の○を付けると，論理は変化しない. AND ゲート入力と OR ゲート出力に否定の○を付けた論理回路を**図 3.16** に示す.

・図 3.16 のように AND の入力に否定の○を付けると，図 3.7(b) の NOR シンボルになる. これは図 3.7(a) の NOR シンボルと同じなので，図 3.7(b) のシンボルを図 3.7(a) のシンボルで置き換えると，NOR ゲートで構成された図 3.15 を得ることができる.

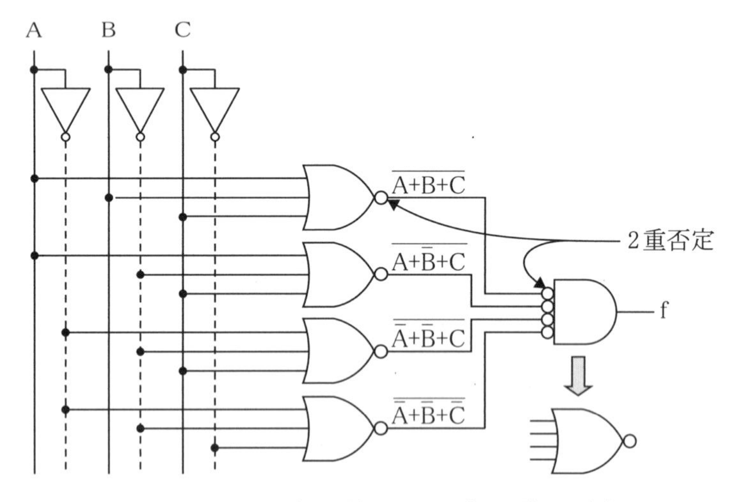

図 3.16　OR-AND 論理回路から NOR 論理回路への変換

練習 3.1　論理関数 $f=(A\cdot(\overline{B\cdot C}))+((A+B)\cdot(\overline{A+C}))$ を加法標準形にして，AND-OR 回路を設計せよ.

練習 3.2　練習 3.1 の回路図で論理関数を 2 重否定することにより NAND 論理回路に変換せよ.

練習 3.3　練習 3.1 の回路で，OR ゲートの入力と AND ゲートの出力を否定することにより NAND 論理回路に変換せよ.

(4) エンコーダとデコーダ

エンコード

encode

デコード

decode

エンコーダ

・論理回路は所望の論理式を実現する回路であり，設計者によって回路は固定されていない．しかし，設計者に共通に使われる論理回路も多数ある．本節ではエンコーダとデコーダを紹介する．

・**エンコード**（encode）とは暗号化するという意味であり，**デコード**（decode）とは逆に暗号を解読するという意味である．

1）エンコーダ

・0から7までの数を，3→011，5→101 などのように3ビットの2進数に変換するエンコーダについて考える．

・**図 3.17** にエンコーダの回路図を示す．

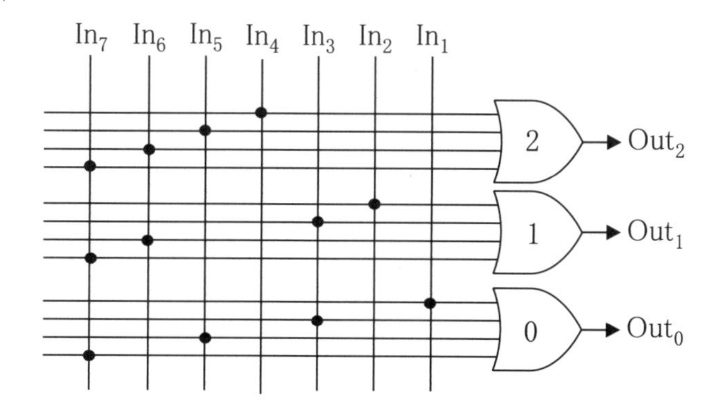

図 3.17　エンコーダ回路図

・図において，In_1～In_7は1～7までの入力を示している．例えば3を2進数に変換するときは，In_3だけを1にし，他は全て0にする．その場合 OR_1 と OR_0 に1が入り，OR_2の3つの入力は全て0なので $Out_2=0$，$Out_1=1$，$Out_0=1$ となり，011 が出力される．In_0は存在しないが，0を2進数に変換するときは，In_1～In_7の全てを0にする．

練習 3.4　0から9を2進数に変換するエンコーダを設計せよ．

デコーダ

2）デコーダ

・3 ビットの 2 進数を 0 から 7 までの信号に変換するデコーダについて考える.

・**図 3.18** にデコーダの回路図を示す．図の破線は，NOT 回路を通った入力の反転データ線である.

・図において，In_0～In_2 は 3 ビットの 2 進数入力を示している．例えば，(In_2, In_1, In_0)＝(1, 1, 0)を与えると，Out_6 だけが 1 になり，それ以外の出力は全て 0 になる.

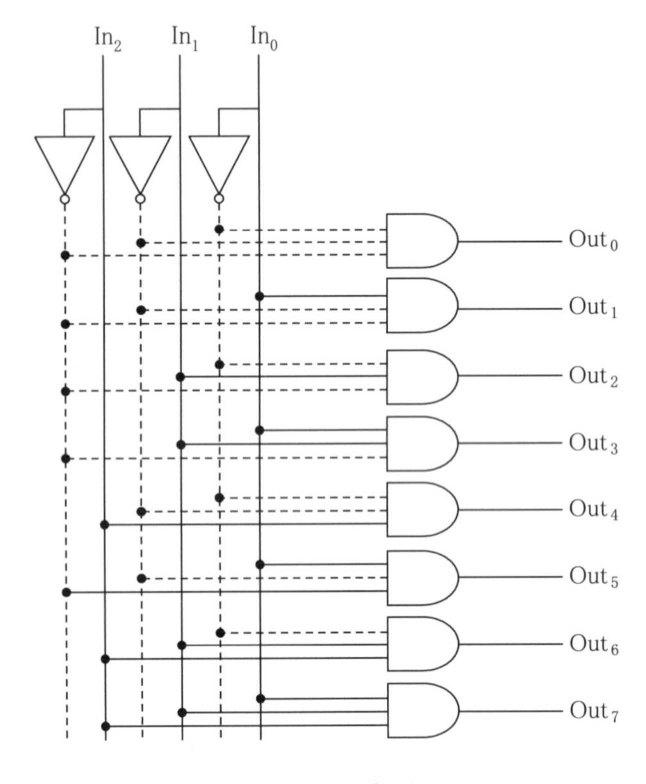

図 3.18　デコーダ回路図

練習 3.5　2 ビットの 2 進数を 0 から 3 に変換するデコーダを設計せよ.

第4章　順序回路

順序回路

・**順序回路**は，**図 4.1** に示すように第 3 章で学んだ組み合わせ論理回路と，本章で学ぶ記憶回路からなる．

・順序回路の出力および「次の状態」は組み合わせ論理回路から出力され，現在の入力や「現在の状態」から決まる．

記憶回路

・**記憶回路**の入力では「次の状態」が待機しており，記憶回路からは「現在の状態」が出力されている．「次の状態」は，クロックとよばれる信号が入ったときに，記憶回路に取り込まれ，「次の状態」が「現在の状態」になり，それが記憶･維持されて組み合わせ論理回路に入力される．

・すなわち順序回路では，クロックが入るごとに「次の状態」→ 記憶回路 →「現在の状態」→ 組み合わせ論理回路 →「次の状態」のサイクルが繰り返される．

・記憶回路としてフリップ･フロップとよばれるものがある．フリップ･フロップは 0 や 1 を記憶する回路で，記憶内容を自由に書き換えることができる．

・本章ではフリップ･フロップについて詳述し，その応用としてカウンタやレジスタについて述べ，最後に順序回路の設計方法について解説する．

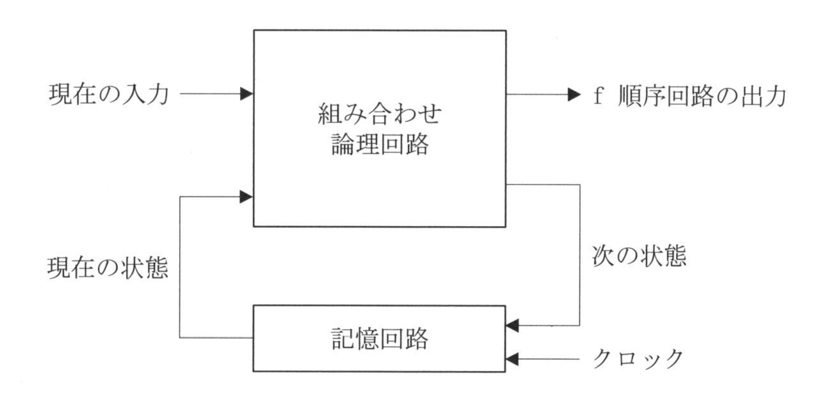

図 4.1　順序回路のブロック図

4.1 フリップ・フロップ

（1）フリップ・フロップの原理

フリップ・フロップ

・フリップ・フロップ（以下 FF）の原型は，**図 4.2**(a)に示すように 2 つの NOT 回路をループ状に直列に接続した記憶素子である．

・図 4.2(a)で左側が 1 だとすると，NOT_1 を経て右側が 0 となる．この 0 が NOT_2 を通ると，左側が 1 になる．もともと左側は 1 であったので，安定的に左側に 1 が，右側に 0 が記憶される．

・図 4.2(a)の 2 つの NOT 回路のうち NOT_2 の向きを逆にすると，図 4.2(b)の回路になる．

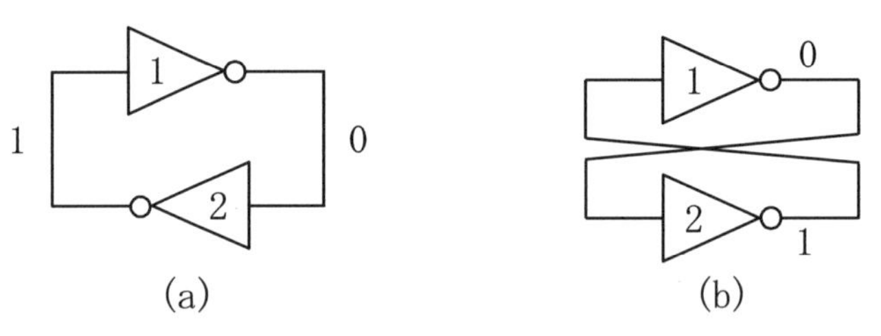

図 4.2　フリップ・フロップの原型

記憶状態

・しかし，図 4.2 の回路では NOT 回路の入力は 1 本なので，記憶状態を維持できても記憶内容を書き換えることはできない．記憶状態を書き換えるためには，NOT 回路を 2 入力にする必要がある．2 入力で NOT 機能をもつのは，2 入力 NOR（以下 2NOR）と 2 入力 NAND（以下 2NAND）である．

SR フリップ・フロップ

（2）SR フリップ・フロップ

1）非同期式 SR-FF

・記憶内容を書き換えられるようにするために，NOT 回路を 2NAND（または 2NOR）回路に置き換えたものを非同期式 **SR フリップ・フロップ**という．

・**図 4.3** に NAND を用いた非同期式 SR-FF の回路図を，**表 4.1** に特性表を示す．ここで $\overline{S}$ はセット入力 S の反転，$\overline{R}$ はリセット入力 R の反転である．従って，表 4.1 における 4 つの状態を S と R で表すと，ホールド状態は(S,R)＝(0,0), セット状態は(S,R)＝(1,0), リセット状態は(S,R)＝(0,1), 禁止状態は(S,R)＝(1,1) になる．

・出力 Q と $\overline{Q}$ は禁止状態以外の状態では反転の関係にあり，Q＝1 ならば $\overline{Q}$＝

0，Q=0 ならば $\overline{Q}$=1 である．表 4.1 において，ホールド状態の出力値が A，$\overline{A}$ になっているが，これは，現在の出力 $(Q,\overline{Q})$ が $(A,\overline{A})$ であり，その出力がホールド状態では変化しないことを示している．このように**ホールド（hold）**とは，データが変化しないことを意味する（A は，1 または 0 の値をとる任意の論理定数である）．

ホールド
hold

特性表

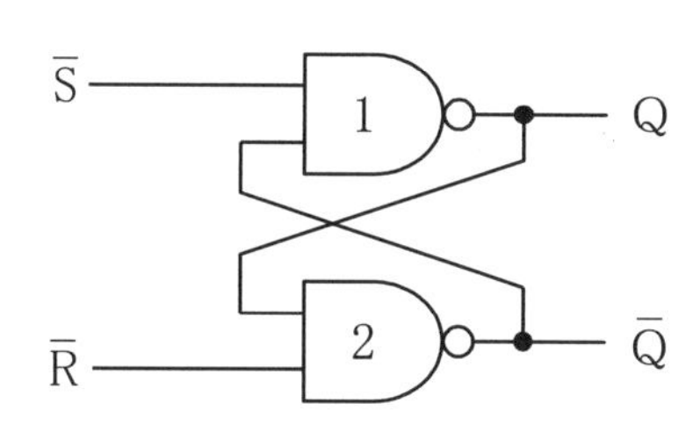

図 4.3　NAND を用いた非同期式 SR−FF の回路図

表 4.1　NAND を用いた非同期式 SR−FF の特性表

入力		出力		状態
$\overline{S}$	$\overline{R}$	Q	$\overline{Q}$	
1	1	A	$\overline{A}$	ホールド
0	1	1	0	セット
1	0	0	1	リセット
0	0	1	1	禁止

・表 4.1 の特性表を図 4.4(a)～(d)を用いて説明する．初期の出力 $(Q,\overline{Q}) = (A,\overline{A})$ とする．

・$\overline{S} = \overline{R} = 1$ のときの動作を**図 4.4**(a)で説明する．$\overline{S} = 1$ に注目する．図 3.6(c)に示すように，$\overline{S} = 1$ のとき $NAND_1$ の他の入力に $\overline{A}$ が入ると出力 Q は A となる．Q はもともと A だったので変化しない．

・従って，$NAND_1$ の $\overline{S} = 1$ であるとき，$NAND_1$ のもう一方の入力に A が入ると出力は A となる．

・その A が $NAND_2$ に入力されると，$\overline{R} = 1$ なので $NAND_2$ の出力は $\overline{A}$ となる．$NAND_2$ の出力 $\overline{Q}$ はもともと $\overline{A}$ であったので変化しない．

ホールド状態

・そこで，$\overline{S} = \overline{R} = 1$ を**ホールド状態**とよぶ．

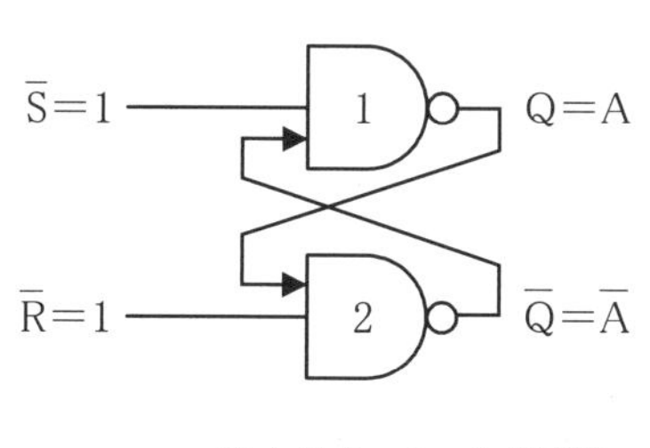

図 4.4(a)　ホールド状態

・$\overline{S} = 0, \overline{R} = 1$ のときの動作を図 4.4(b)で説明する．初期の出力 $(Q,\overline{Q}) = (A,\overline{A})$ とする．

・ホールド状態 $\overline{S} = \overline{R} = 1$ から，$\overline{S}$ が 1→0 に変化すると $NAND_1$ の 1 つの入力

が 0 となるので，図 3.6(d)より $NAND_1$ の出力 Q は 1 に変化する．

・その変化を受けた $NAND_2$ では 2 つの入力がともに 1 となるので，図 3.6(a)より $\overline{Q}$ は 0 に変化する．

・その 0 が $NAND_1$ に再入力されると，図 3.6(d)より $NAND_1$ の出力 Q＝1 にするが，もともと Q=1 であったので変化せず安定となる．

・このように $\overline{S}=0$, $\overline{R}=1$ のとき，出力は Q＝1，$\overline{Q}=0$ となる．この状態を**セット状態**という．

セット状態

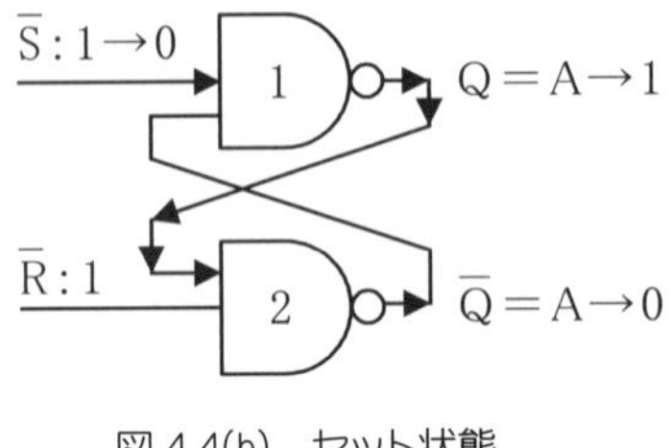

図 4.4(b) セット状態

・$\overline{S}=1, \overline{R}=0$ のときの動作を図4.4(c)で説明する．初期の出力 $(Q,\overline{Q})=(A,\overline{A})$ とする．

・ホールド状態 $\overline{S}=\overline{R}=1$ から，$\overline{R}$ が 1→0 に変化すると $NAND_2$ の 1 つの入力が 0 となるので，図 3.6(d)より $NAND_2$ の出力 $\overline{Q}$ は 1 に変化する．

・その変化を受けた $NAND_1$ では 2 つの入力がともに 1 となるので，図 3.6(a)より Q は 0 に変化する．

・その 0 が $NAND_2$ に再入力されると，図 3.6(d)より $NAND_2$ の出力 $\overline{Q}=1$ にするが，もともと $\overline{Q}$=1 であったので変化せず安定となる．

リセット状態

・このように $\overline{S}=1, \overline{R}=0$ のとき，出力は $Q=0, \overline{Q}=1$ となる．この状態を**リセット状態**という．

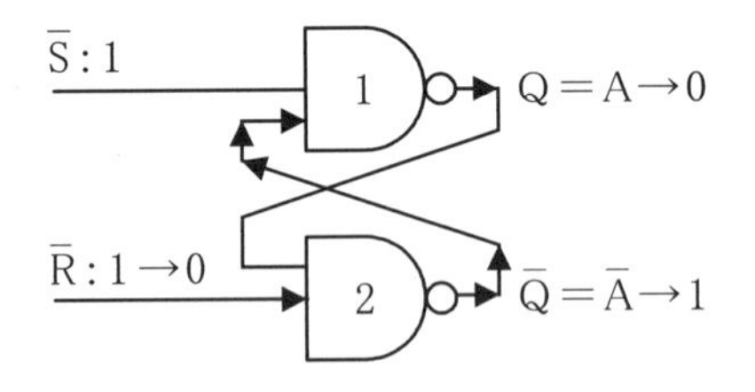

図 4.4(c) リセット状態

・$\overline{S}=\overline{R}=0$ のときの動作を図4.4(d)で説明する．初期の出力 $(Q,\overline{Q})=(A,\overline{A})$ とする．

・$\overline{S}=\overline{R}=0$ より $NAND_1$ および $NAND_2$ の入力の一方が 0 となるので，図 3.6(d)

より $Q=\bar{Q}=1$ に変化する．この状態は出力がともに1と確定しているので，「禁止」ではないようにみえる．

・しかし，$\bar{S}=\bar{R}=0$ 状態から $\bar{S}=\bar{R}=1$（ホールド状態）に変化したとき，出力（$Q,\bar{Q}$）が（1,1）から（1,0）か（0,1）のどちらかになる．

・理由は，ホールド状態では表4.1に示すように $Q=A$，$\bar{Q}=\bar{A}$ であり，出力は反転の関係にあるからである．よって信号値は不定[X]となり確定しない．

禁止状態

・従って，$\bar{S}=\bar{R}=0$ の状態を作らないようにしなければならないので，この状態を**禁止状態**とよぶ．

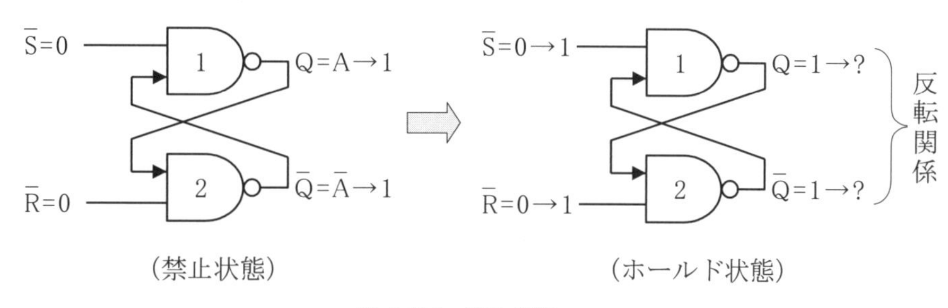

図4.4(d)　禁止状態

2）同期式SR-FF

クロック信号

・同期式SR-FF（以下SR-FF）は，クロック信号（以下CLK）により制御されているFFである．

同期回路

・CLKは，1と0が規則的に繰り返されるパルス信号で，体に例えると心臓の鼓動のようなものである．心臓の拍動で血液が体全体に行き渡るのと同様に，CLKによりデータが回路全体に送られる．

・**図4.5**にSR-FFの回路図を示す．

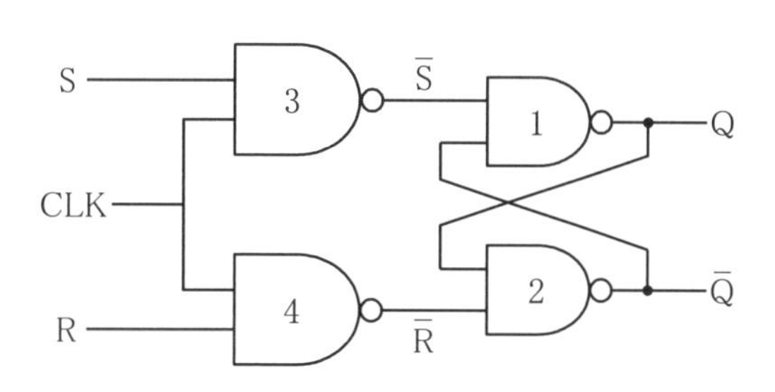

図4.5　SR-FFの回路図

・図4.5の回路は，CLK信号を入力するために図4.3の非同期式SR-FFの前段に $NAND_3$ と $NAND_4$ を配置した構成になっている．入力Sはセット端子，入力Rはリセット端子である．

・動作について説明する．図 4.5 において，CLK = 0 のとき (S,R) の値に関わらず $(\overline{S},\overline{R})$ = (1,1) となるので表 4.1 に示すようにホールド状態になる．

・CLK = 1 のとき，$\overline{S} = \overline{S \cdot CLK}$，$\overline{R} = \overline{R \cdot CLK}$ より (S,R) = (0,0) ならば $(\overline{S},\overline{R})$ = (1,1) となるので，表 4.1 よりホールド状態になり，(S,R) = (1,0) ならば $(\overline{S},\overline{R})$ = (0,1) となるので，表 4.1 よりセット状態になり，(S,R) = (0,1) ならば $(\overline{S},\overline{R})$ = (1,0) となるので，表 4.1 よりリセット状態になり，(S,R) = (1,1) ならば $(\overline{S},\overline{R})$ = (0,0) となるので，表 4.1 より禁止状態になる．従って SR-FF の特性表は**表 4.2** になる．

・表 4.2 において，A は 0 または 1 をとる変数である．$(Q,\overline{Q}) = (A,\overline{A})$ は初期値で，ホールド状態では変化しないことを表している．

特性表

表 4.2　SR-FF の特性表

入力			出力		状態
CLK	S	R	Q	$\overline{Q}$	
0	–	–	A	$\overline{A}$	ホールド
1	0	0	A	$\overline{A}$	ホールド
1	1	0	1	0	セット
1	0	1	0	1	リセット
1	1	1	1	1	禁止

練習 4.1　下図は SR-FF のタイミング図である．CLK, S, R の入力に対する出力 Q および $\overline{Q}$ の波形を図中に描け．図中の数字は時刻を表す．なお，不定状態は X で表すこと．

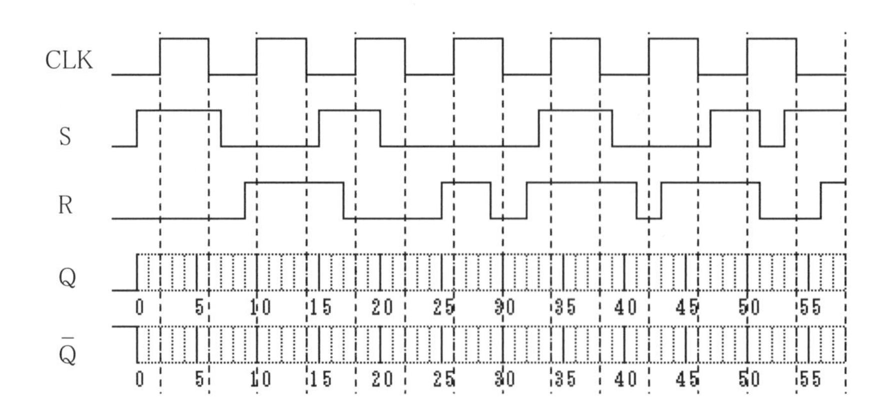

特性方程式

3）SR-FF の特性方程式

・特性方程式とは，表 4.2 における CLK＝1 のときの特性表を論理式で表したものである．

・特性表を導くのに，表 4.2 の特性表そのままでは「S＝R＝0 のときホールド状態」というだけで，その状態の出力が 1 なのか 0 なのかはっきりしない．

・ホールド状態では，現在の状態（以下現状態）の出力 Q＝0 ならば次の状態（以下次状態）の出力 Q＝0 になるし，現状態 Q＝1 ならば次状態 Q＝1 になる．つまり，ホールド状態を現状態の Q で場合分けしてやれば，次状態の出力が 1 か 0 かがはっきり決まる．

・結局入力は，S, R と「現状態 Q」の 3 つになり，出力は「次状態 Q」になる．

・「現状態 Q」を Q_n とし，「次状態 Q」を Q_{n+1} とすると**表 4.3** に示すような SR-FF の特性表を得ることができる．

・なお，出力 $\overline{Q}$ については Q を反転させればよいので，ここでは省略し，Q のみを扱うことにする．

・表 4.3 を説明する．S＝R＝0 はホールド状態であるので，Q_n＝0 のときは Q_{n+1}＝0 となり，Q_n＝1 のときは出力 Q_{n+1}＝1 となる．ゆえに Q_{n+1} は Q_n に依存する．S＝0，R＝1 のとき Q_n によらずリセット状態になるので，Q_{n+1}＝0 となる．S＝1，R＝0 のとき Q_n によらずセット状態となるので，Q_{n+1}＝1 となる．すなわちセット・リセット状態では Q_{n+1} は(S,R)に依存する．S＝R＝1 は禁止状態であり，入力されないので 2.2 節 (3)2) 禁止項を利用した論理式の簡単化で述べたように (S,R)＝(1,1) のときの出力を禁止項に対する出力 # とする．

特性表

表 4.3　SR-FF の特性表（Q_n を場合分け）

入力 S	R	Q_n	出力 Q_{n+1}	状態（依存変数）
0	0	0	0	ホールド(Q_n)
0	0	1	1	ホールド(Q_n)
0	1	0	0	リセット(S,R)
0	1	1	0	リセット(S,R)
1	0	0	1	セット(S,R)
1	0	1	1	セット(S,R)
1	1	0	#	禁止
1	1	1	#	禁止

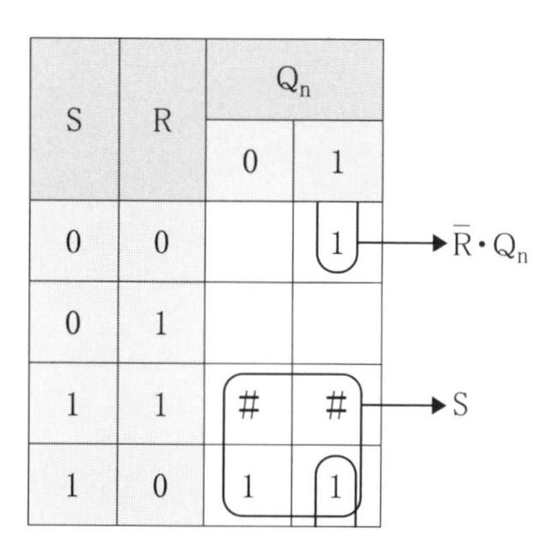

図 4.6　次状態 Q_{n+1} のカルノー図

・表 4.3 より，次状態 Q_{n+1} のカルノー図を作成すると**図 4.6** を得る．カルノー図で禁止項に対する出力の部分に「#」記号を入れたが，1 として加法標準形の最小項を用いて簡単化する．

・Q_{n+1} のカルノー図より，SR-FF の特性方程式が得られる．ただし S＝R＝1 は禁止状態．

$$Q_{n+1} = S + (\overline{R} \cdot Q_n) \qquad \text{(4-1)}$$

・(4-1)式に $(S,R,Q_n) = (0,0,0) \sim (1,0,1)$ を代入すれば表 4.3 を得ることができる．

JK フリップ・フロップ

（３）JK フリップ・フロップ

1）JK フリップ・フロップ基本回路

・**図 4.7** に JK-FF の回路図を，図 4.8 にシンボルを，**表 4.4** に特性表を示す．

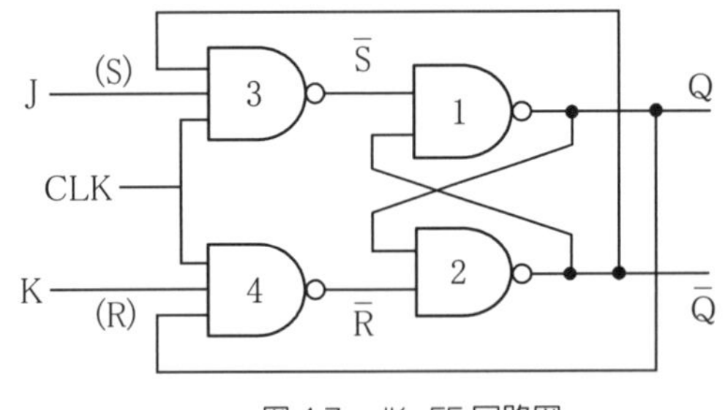

図 4.7　JK-FF 回路図

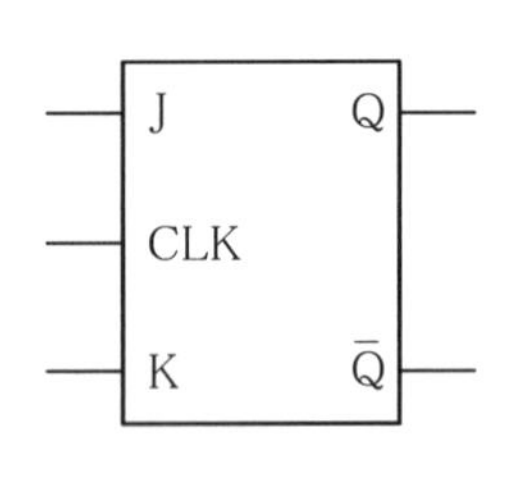

図 4.8　JK-FF シンボル

特性表

表 4.4　JK-FF の特性表

入力			出力		状態
CLK	J	K	Q	$\overline{Q}$	
0	−	−	A	$\overline{A}$	ホールド
1	0	0	A	$\overline{A}$	ホールド
1	1	0	1	0	セット
1	0	1	0	1	リセット
1	1	1	$\overline{A}$	A	反転

・SR-FF (図 4.5) との違いは，出力 Q を R 入力に，出力 $\overline{Q}$ を S 入力に戻している点であり，S 入力を J，R 入力を K とよぶ．

・表 4.4 の特性表に示すように，(J,K)＝(0,0),(1,0),(0,1) については SR-FF と同じであるが，(J,K)＝(1,1) のときは禁止状態ではなく出力が反転する．なお A は 1 または 0 の値をとる任意の論理定数であり，A＝1 ならば $\overline{A}$＝0，A＝0 ならば $\overline{A}$＝1 である．

・**図 4.9**(a)～(e) を用いて動作を説明する．

- 表 4.4 の特性表において，CLK＝0 のとき図 4.9(a)の $NAND_3$ と $NAND_4$ の出力はともに 1 になるので，表 4.1 よりホールド状態となる．また CLK＝1 で J＝K＝0 のとき，同じく $NAND_3$ と $NAND_4$ の出力はともに 1 になるので，表 4.1 よりホールド状態になる．以下では CLK＝1 の場合について説明する．
- J＝1, K＝0 のとき，現在の出力 Q と $\overline{Q}$ が $(Q,\overline{Q})=(1,0)$ なのか，$(Q,\overline{Q})=(0,1)$ なのかで回路動作が異なる．図 4.9(a)に $(Q,\overline{Q})=(1,0)$ での各ゲート出力の信号値を示す．$NAND_3$ の 3 入力のうち $\overline{Q}=0$ なので，$NAND_3$ の出力である $\overline{S}=1$ となる．K＝0 より，$NAND_4$ の出力である $\overline{R}=1$ となる．結果，表 4.1 より $NAND_1$ および $NAND_2$ で構成される SR-FF はホールド状態となるので，Q＝1 と $\overline{Q}=0$ は変化しない．

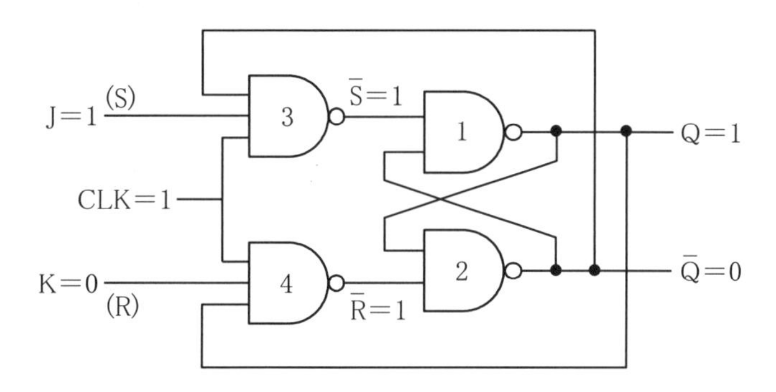

図 4.9(a)　J=1, K=0 のときの回路動作（Q=1, $\overline{Q}$=0 の場合）

- J＝1, K＝0 のとき，現在の出力が $(Q,\overline{Q})=(0,1)$ であったとする．このときの変化を図4.9(b)で順を追って説明する．
- J＝1 になると $NAND_3$ の 3 つの入力は全て 1 となるので，$NAND_3$ の出力 $\overline{S}$ は 1→0 となる．次に，K＝0 より $NAND_4$ の他の入力である CLK や Q に関係なく出力 $\overline{R}$ は 1 のままである．
- $\overline{S}=0$ の結果，$NAND_1$ の出力 Q は 0→1 に変化する．この変化が $NAND_2$ の入力に伝わり，$NAND_2$ の 2 入力がともに 1 となるので $NAND_2$ の出力 $\overline{Q}$ は 1→0 となる．ここまでの動作によりセット状態（Q＝1, $\overline{Q}=0$）が実現される．
- $\overline{Q}$ の 0 への変化が $NAND_3$ に伝わり，$NAND_3$ の出力 $\overline{S}$ は 0→1 となる．これで $\overline{S}=\overline{R}=1$ となるので，表 4.1 より $NAND_1$ および $NAND_2$ で構成される SR-FF はホールド状態となり安定する．
- 結果，図 4.9(a)および(b)より $(J,K)=(1,0)$ のとき，出力 Q や $\overline{Q}$ の値に関わらずセット状態 $(Q,\overline{Q})=(1,0)$ となる．
- J＝0, K＝1 のとき，現在の出力 Q と $\overline{Q}$ が $(Q,\overline{Q})=(1,0)$ なのか $(Q,\overline{Q})=(0,1)$

なのかで回路動作が異なる．

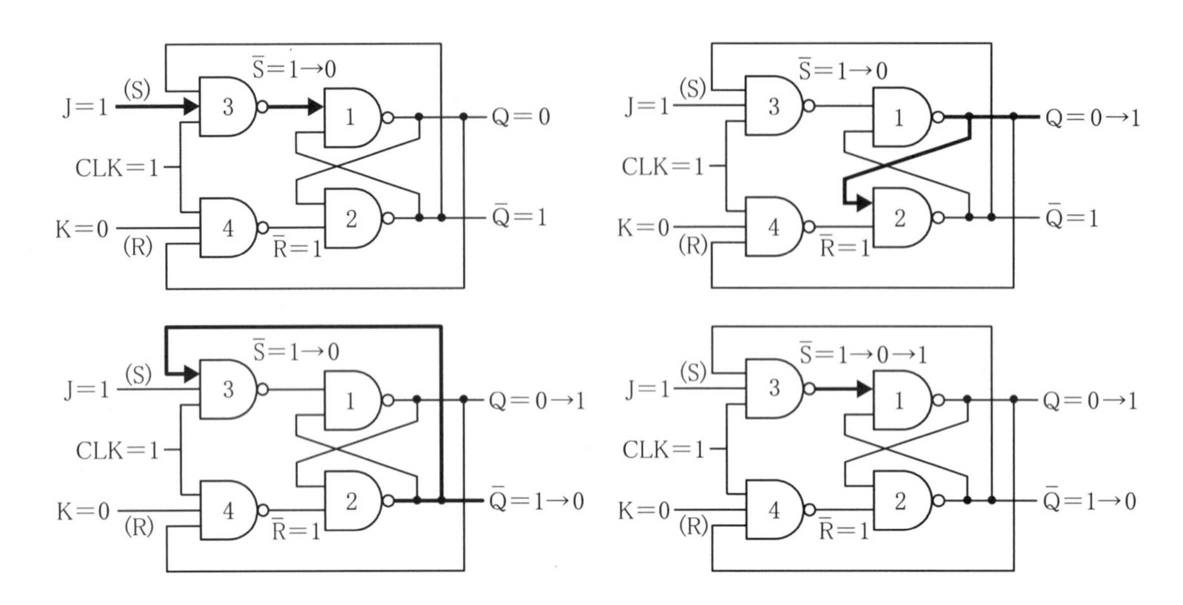

図 4.9(b)　J=1, K=0 のときの回路動作（Q=0, $\overline{Q}$=1 の場合）

・図 4.9(c)に（Q,$\overline{Q}$)＝(0,1) での各ゲート出力の信号値を示す．NAND$_3$ の 3 入力のうち J＝0 なので，NAND$_3$ の出力である $\overline{S}$＝1 となる．Q＝0 より NAND$_4$ の出力である $\overline{R}$＝1 となる．結果，表 4.1 より NAND$_1$ および NAND$_2$ で構成される SR-FF はホールド状態となるので，Q＝0 と $\overline{Q}$＝1 は変化しない．

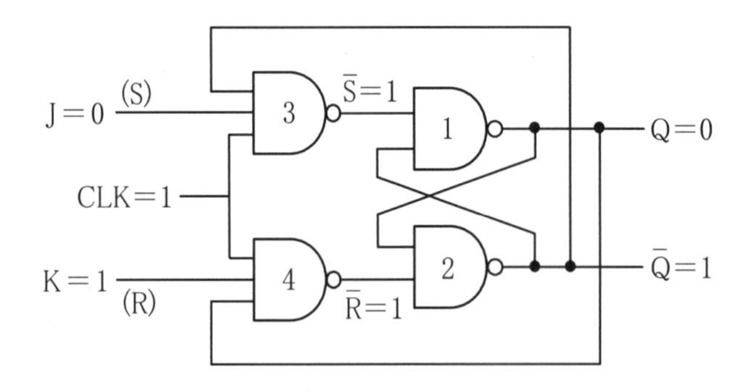

図 4.9(c)　J=0, K=1 のときの回路動作（Q=0, $\overline{Q}$=1 の場合）

・J＝0, K＝1 のとき，現在の出力が（Q,$\overline{Q}$)＝(1,0) であったとする．このときの変化を図 4.9(d)で順を追って説明する．

・K＝1 となると，NAND$_4$ の 3 つの入力は全て 1 となるので NAND$_4$ の出力 $\overline{R}$ は 1→0 となる．次に，J＝0 より他の入力である CLK や $\overline{Q}$ に関係なく NAND$_3$

の出力 $\overline{\mathrm{S}}$ は 1 のままである．

・R＝0 の結果，NAND_2 の出力 $\overline{\mathrm{Q}}$ は 0→1 に変化する．この変化が NAND_1 の入力に伝わり，NAND_1 の 2 入力がともに 1 となるので，NAND_1 の出力 Q は 1→0 となる．ここまでの動作によりリセット状態（Q＝0, $\overline{\mathrm{Q}}$＝1）が実現される．

・Q の 0 への変化が NAND_4 に伝わり，NAND_4 の出力 $\overline{\mathrm{R}}$ は 0→1 となる．これで $\overline{\mathrm{S}}$＝$\overline{\mathrm{R}}$＝1 となるので，表 4.1 より NAND_1 および NAND_2 で構成される SR-FF はホールド状態となり，安定する．

・結果，図 4.9(c)および(d)より（J,K）＝(0,1) のとき，出力 Q や $\overline{\mathrm{Q}}$ の値に関わらずリセット状態（Q,$\overline{\mathrm{Q}}$）＝(0,1) となる．

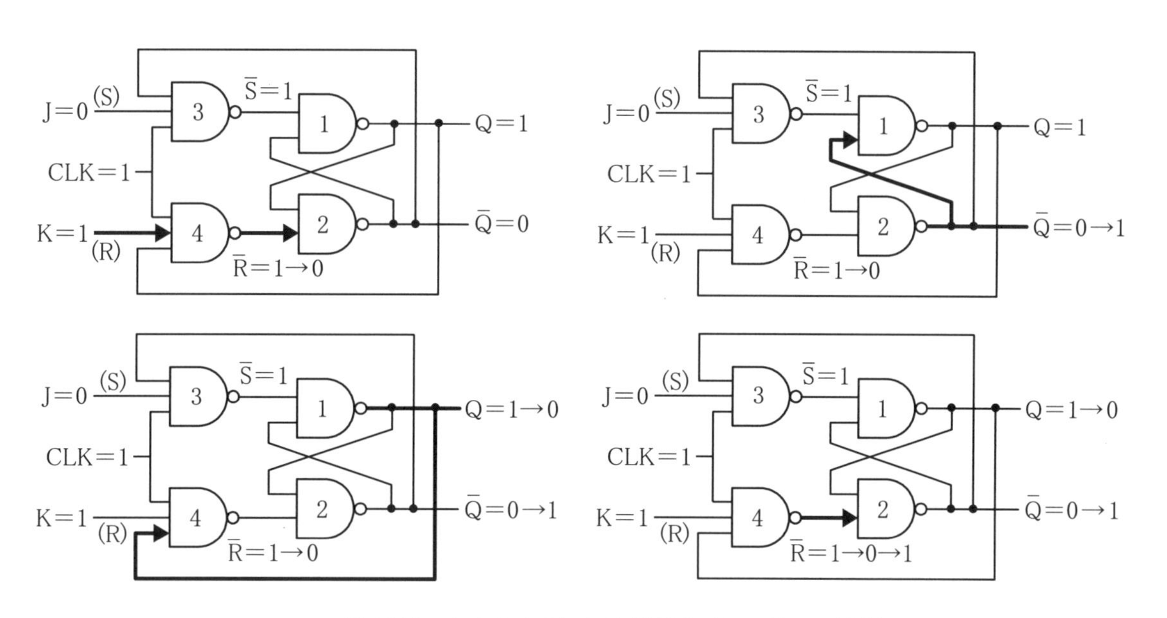

図 4.9(d)　J=0, K=1 のときの回路動作（Q=1, $\overline{\mathrm{Q}}$=0 の場合）

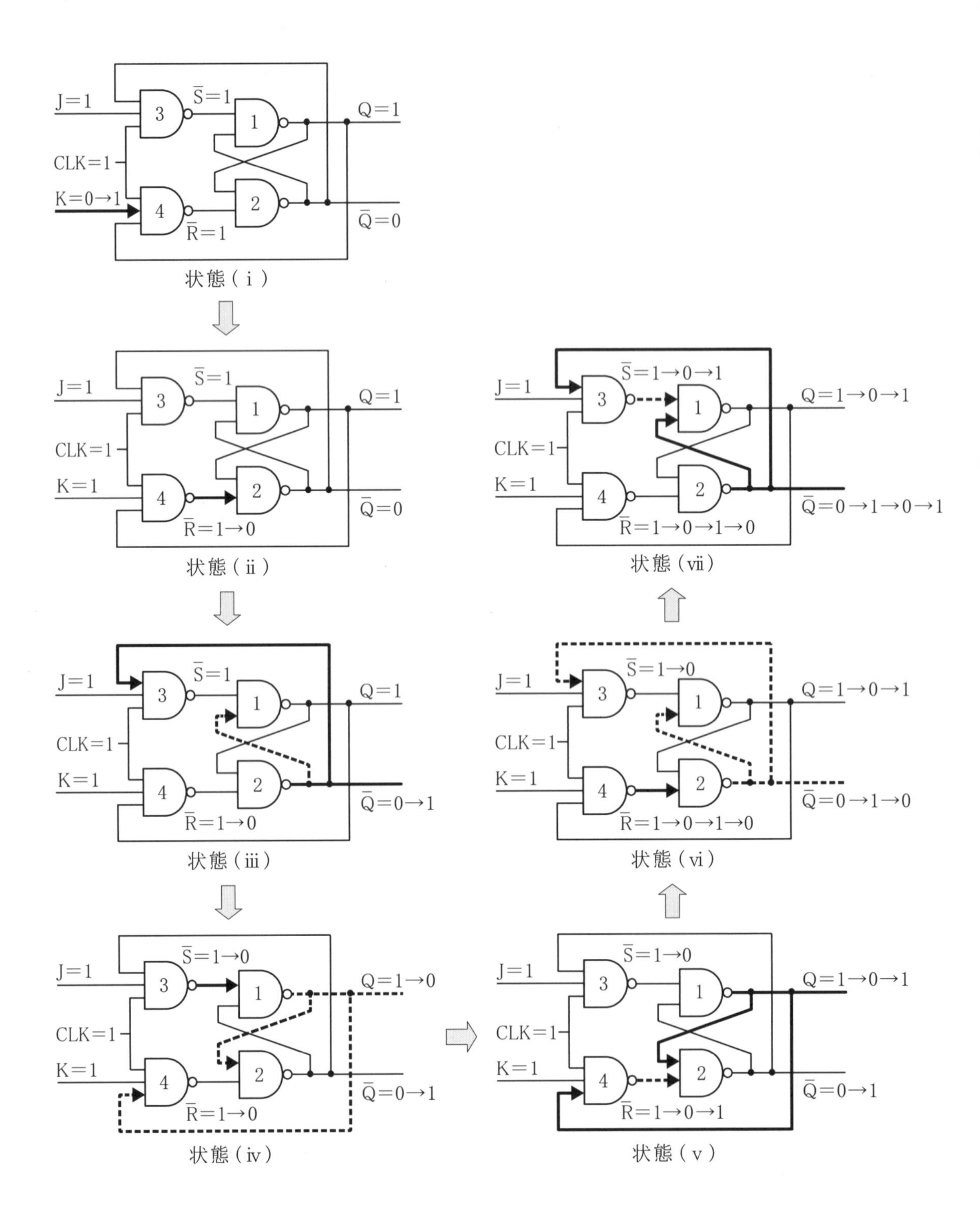

図 4.9(e)　J=K=1 のときの回路動作

・J = 1, K = 1 の動作を説明する．図 4.9(e)の状態(i)に示すように，最初 (J,K) = (1,0) かつ $(Q,\bar{Q})$ = (1,0) のセット状態であるとする．

・K 入力が 0→ 1 になったとする．$NAND_4$ の入力が全て 1 になるので，$\bar{R}$ は図 4.9(e)の状態（ ii ）に示すように 1→ 0 に反転する．

・その結果，図 4.9(e)の状態（iii）に示すように $\bar{Q}$ が 0→1 に反転し，$NAND_3$ と $NAND_1$ に送られる．図では $NAND_1$ と $NAND_3$ に分岐した信号の区別を明確にするため，$NAND_1$ に送られる信号を破線で，$NAND_3$ に送られる信号を実線で示している．結果 $NAND_1$ の 2 つの入力はともに 1 となり，$NAND_3$ の 3 入力は全て 1 となる．

・図 4.9(e)の状態（iv）に示すように，状態（iii）で $NAND_1$ の 2 つの入力はともに 1 となるので Q は 1→ 0 に反転し (破線)，状態（iii）で $NAND_3$ の 3 入力は全て 1 となるので $\bar{S}$ は 1→ 0 に反転する (実線)．この結果 $(Q,\bar{Q})$ = (0,1) となる．ここで回路動作が止まってくれると，$(Q,\bar{Q})$ = (1,0)→ (0,1) と反転が実現して都合がよいのであるが回路は安定しない．Q = 0 は図 4.9(e)の状態(iv) に示すように，$NAND_2$ と $NAND_4$ に送られ，$\bar{S}$ = 0 は $NAND_1$ に送られる．

・図 4.9(e)の状態（v）に示すように，状態（iv）で $NAND_4$ に 0 が入力されるので，$\bar{R}$ は 0→ 1 に反転し (破線)，$NAND_2$ に送られ，$NAND_1$ の出力 Q も 0→ 1 に反転し (実線)，$NAND_2$ と $NAND_4$ に送られる．結果 $NAND_2$ の 2 入力および $NAND_4$ の 3 入力は全て 1 になる．

・図 4.9(e)の状態（vi）に示すように，状態（v）で $NAND_2$ の 2 つの入力がともに 1 となるので，出力 $\bar{Q}$ は 1→ 0 に反転し (破線)，$NAND_1$ と $NAND_3$ に送られ，状態（v）で $NAND_4$ の 3 つの入力は全て 1 となるので，$\bar{R}$ は 1→ 0 に反転し (実線)，$NAND_2$ に送られる．

・図 4.9(e)の状態（vii）に示すように，状態（vi）で $NAND_2$ に 0 が入力されるので $\bar{Q}$ は 0→ 1 に反転し (実線)，状態（vi）で $NAND_3$ に 0 が入力されるので，$\bar{S}$ は 0→ 1 に反転する (破線)．この状態は，$(\bar{S},\bar{R})$ = (1,0) かつ $(Q,\bar{Q})$ = (1,1) であり，図 4.9(e)の状態（iii）と同じであるので，以降状態（iii）→（iv）→（v）→（vi）を繰り返すことになる．

・従って，J = K = 1 のときはセット状態 $(Q,\bar{Q})$ = (1,0) と，リセット状態 $(Q,\bar{Q})$ = (0,1) が繰り返され発振する．従って，発振させずに反転させるためには $(Q,\bar{Q})$ = (1,0)→ (0,1) になった時点で，CLK を 1→ 0 に落として JK-FF をホールドさせなければならない．

発振

2）マスター・スレーブ JK フリップ・フロップ

・同期式 JK-FF において J = K = 1 のとき発振させずに反転させるためには，

出力が反転した瞬間を捉えて CLK を 1→0 に変化させる必要があった．しかし，このようなタイミングで CLK を制御するのは現実には不可能である．

・そこで，CLK のタイミングを制御する必要がないように考案されたのが，**図 4.10** に示すマスター・スレーブ JK フリップ・フロップ（以下 MS-JK-FF）である．

・図 4.10 に示すように，MS-JK-FF は JK-FF の後段に同期式 SR-FF を直列に接続したもので，前段を**マスター**，後段を**スレーブ**とよぶ．

マスター

スレーブ

・マスター部は図 4.7 の回路図と同じであり，その動作は表 4.4 の JK-FF 特性表のとおりである．スレーブ部は図 4.5 の回路図と同じであり，その動作は表 4.2 の SR-FF 特性表のとおりである．以下，動作について説明する．

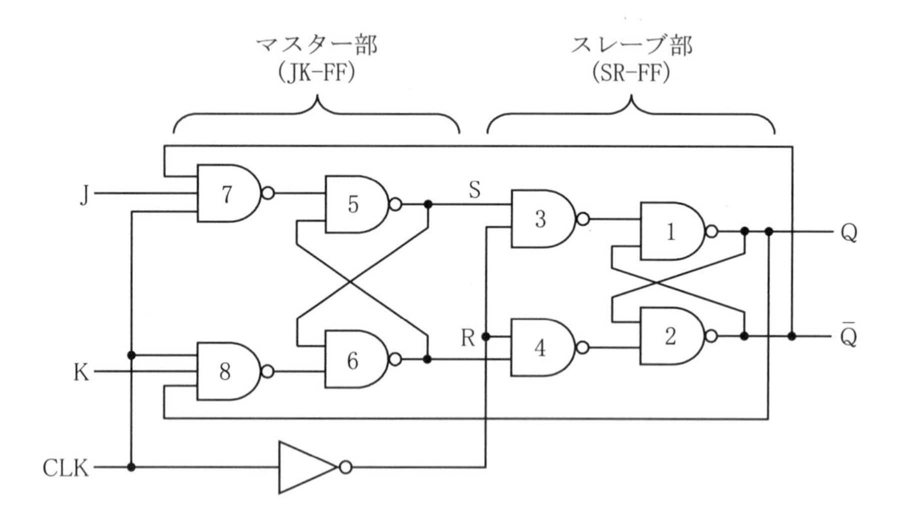

図 4.10　マスター・スレーブ JK フリップ・フロップの回路図

・**図 4.11** に示すように，CLK＝1 のときはマスター部が J と K 端子よりデータを受け付けるが，スレーブ部は表 4.2 における CLK＝0 に相当するためマスター部からのデータを受け付けず，ホールド状態になる．

・**図 4.12** に示すように，CLK＝0 のときは表 4.4 に示すようにマスター部がホールド状態となり，スレーブ部はマスター部からのデータを受け付けることができる．

・従って，J＝1，K＝0 のとき，CLK＝1 でマスター部がデータを受け付け，表 4.4 に示すようにマスター部の出力である S と R はセット状態になり，S＝1，R＝0 が出力される．しかし，スレーブ部はホールド状態であるので，出力 Q と $\overline{Q}$ は変化しない．次に，CLK＝0 となるとマスター部はデータを受け付けずホールド状態になるが，スレーブ部は S＝1，R＝0 を受け付け，表 4.2 に示すようにスレーブ部の出力である Q と $\overline{Q}$ はセット状態になり，Q＝

1, $\bar{Q}=0$ が出力される. 結果, $J=1, K=0$ のとき MS-JK-FF はセット状態 ($Q=1, \bar{Q}=0$) になる.

- $J=0$, $K=1$ のときも上記と同じく, $CLK=1$ でマスター部が受け付け, 表4.4 に従い $S=0$, $R=1$ となり, $CLK=0$ で S と R がスレーブ部に送られ, 表 4.2 に従い $Q=0$, $\bar{Q}=1$ となる. 結果, $J=0$, $K=1$ のとき MS-JK-FF はリセット状態 ($Q=0$, $\bar{Q}=1$) となる.
- $J=K=0$ のとき, $CLK=1$ でマスター部は $J=K=0$ を受け付けると, 表4.4 に示すようにホールド状態となり, マスター部の出力である S や R は変化しない. $CLK=0$ になると, スレーブ部の入力 S や R は変わっていないので, Q と $\bar{Q}$ の値は変化しない. 結果, $J=K=0$ のとき MS-JK-FF はホールド状態となる.

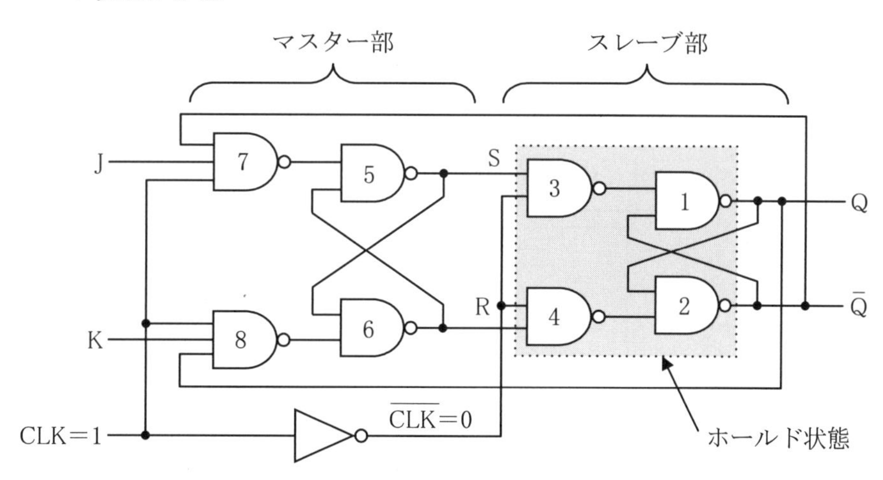

図 4.11　CLK=1 のときの MS-JK-FF の状態

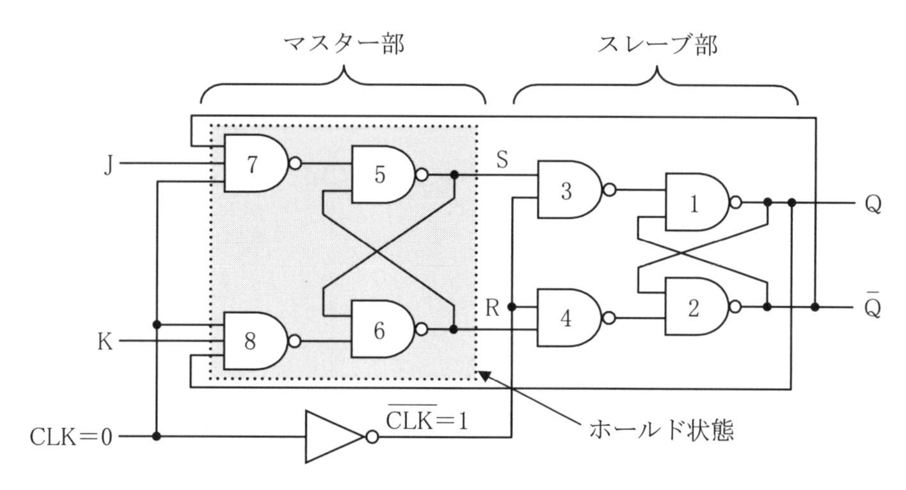

図 4.12　CLK=0 のときの MS-JK-FF の状態

・最後に，J＝K＝1 のときの動作を**図 4.13**(a)〜(d)で説明する．

・図 4.13(a)に CLK＝1 で Q＝1，$\bar{Q}$＝0 のときの各部の信号値を示す．Q＝0 より $NAND_7$ の出力は 1 となる．他方 $NAND_8$ の 3 つの入力は全て 1 より，$NAND_8$ の出力は 0 となる．$NAND_6$ に 0 が入力されるので，R＝1 となり，それが $NAND_5$ に入力され，$NAND_5$ の 2 入力がともに 1 となるので S＝0 となる．これら S と R は，$\overline{CLK}$＝0 なのでスレーブ部には受け付けられない．

・CLK＝0 に変化すると，図 4.13(b)に示すようにマスター部はデータを受け付けず，ホールド状態になる．スレーブ部は S＝0，R＝1 より，表 4.2 に示すようにリセット状態になり，Q と $\bar{Q}$ は反転する．これら反転した信号 (Q,$\bar{Q}$)＝(0,1) は $NAND_8$ と $NAND_7$ に送られるが，マスター部がホールド状態であるので，マスター部は Q および $\bar{Q}$ の変化を受け付けない．これにより発振が止められる．

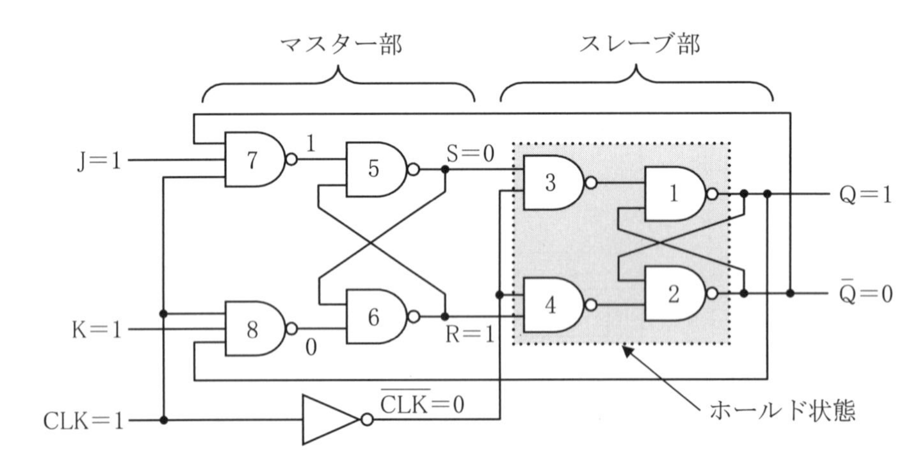

図 4.13(a)　CLK=1, Q=1, $\bar{Q}$=0 のときの信号値

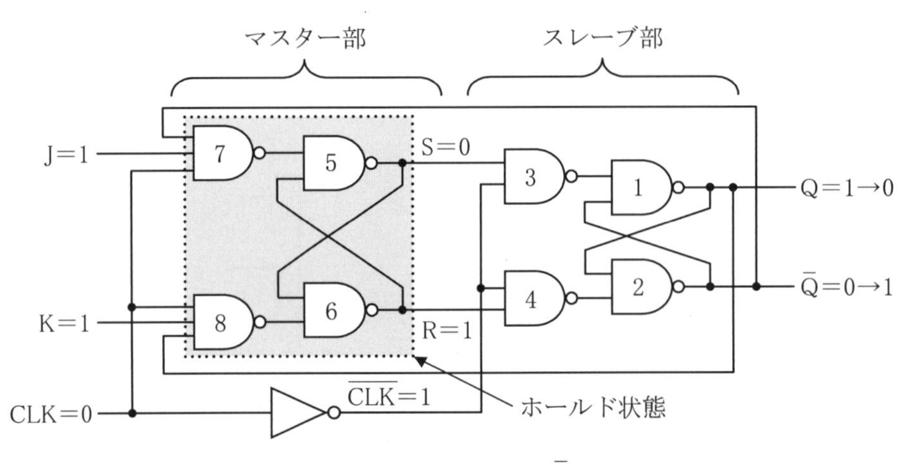

図 4.13(b)　CLK=0, Q=1, $\bar{Q}$=0 のときの信号値

・次に CLK＝1 に変化し，マスター部がデータを受け付ける．図 4.13(c)にそのときの各部の信号値を示す．Q＝0 より $NAND_8$ の出力は 1 となる．他方 $NAND_7$ の 3 つの入力は全て 1 より，$NAND_7$ の出力は 0 となる．$NAND_5$ に 0 が入力されるので，S＝1 となり，それが $NAND_6$ に入力され，$NAND_6$ の 2 入力がともに 1 となるので R＝0 となる．これら S と R は，$\overline{\mathrm{CLK}}$＝0 よりスレーブ部には受け付けられない．

・CLK＝0 に変化すると，図 4.13(d)に示すようにマスター部はデータを受け付けず，ホールド状態になる．スレーブ部は S＝1，R＝0 より表 4.2 に示すようにセット状態になり，Q と $\overline{\mathrm{Q}}$ は反転する．これら反転した信号 $(\mathrm{Q},\overline{\mathrm{Q}})$＝(1,0) は $NAND_8$ と $NAND_7$ に送られるが，マスター部がホールド状態であるので，マスター部は Q および $\overline{\mathrm{Q}}$ の変化を受け付けない．次に CLK＝1 にすると図 4.13(a)に示す状態と同じになり，以降 CLK が 1→0 に変化するたびに出力 Q と $\overline{\mathrm{Q}}$ は反転する（決して発振しない）．

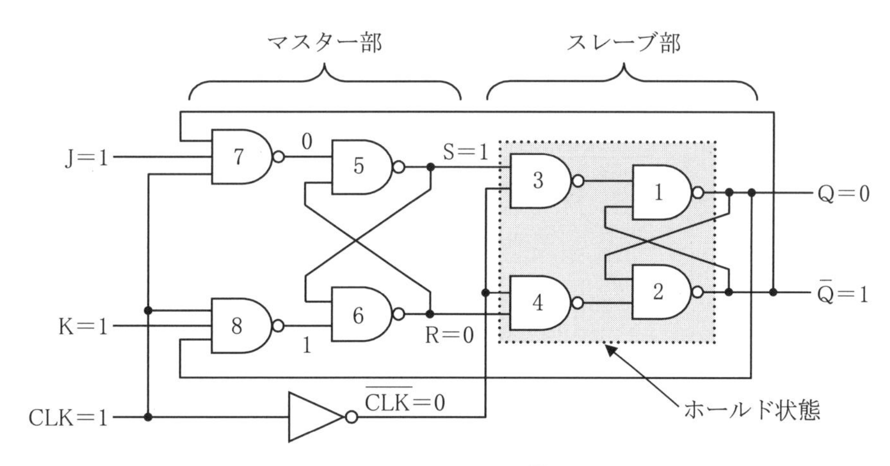

図 4.13(c)　CLK=1, Q=0, $\overline{\mathrm{Q}}$=1 のときの信号値

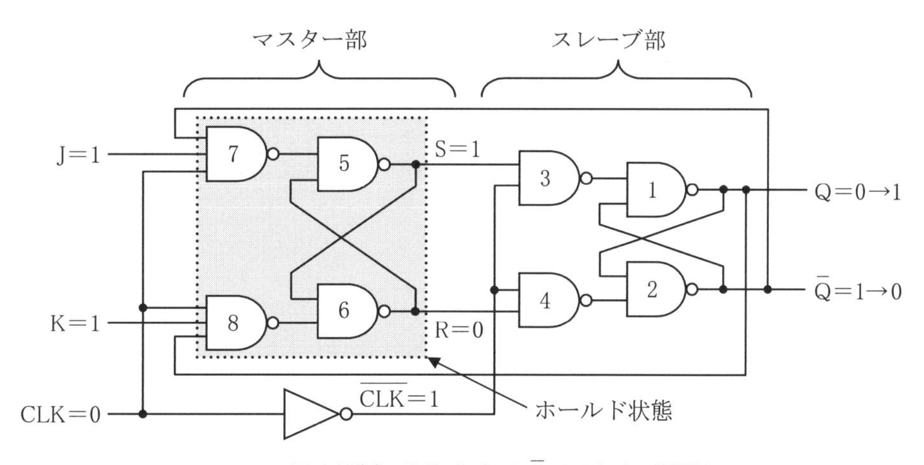

図 4.13(d)　CLK=0, Q=0, $\overline{\mathrm{Q}}$=1 のときの信号値

・MS-JK-FF では，CLK＝1 の期間中マスター部に入力するデータを変化させてはならない．もし CLK＝1 の期間中，次の変化が起きるとマスター部の出力が反転し，誤動作する．

誤動作

誤動作 1 ：$(Q,\bar{Q})=(0,1)$ で $(J,K)=(0\to1\to0,1)$ と J が一時的に 1 に変化して 0 に戻るとき．

誤動作 2 ：$(Q,\bar{Q})=(1,0)$ で $(J,K)=(1,0\to1\to0)$ と K が一時的に 1 に変化して 0 に戻るとき．

・**図 4.14**(a)と(b)に誤動作 1 のときの信号変化を示す．図 4.14(a)において，最初 $(J,K)=(0,1)$ のときマスター部はリセット状態，すなわち $(S,R)=(0,1)$ となっている．そして CLK＝0 になればリセット状態がスレーブ部に送られる．しかし CLK＝1 の間に J が一瞬だけ 1 になって 0 に戻ったとする．J＝1 になったときに $NAND_7$ の 3 つの入力が全て 1 となるので，$NAND_7$ の出力は 0 になる．結果 $NAND_5$ の出力 S＝1 となり，これが $NAND_6$ の入力に伝えられ $NAND_6$ の 2 つの入力がともに 1 になるので，R＝0 に変化する．つまり，S と R が反転してマスター部はセット状態になる．

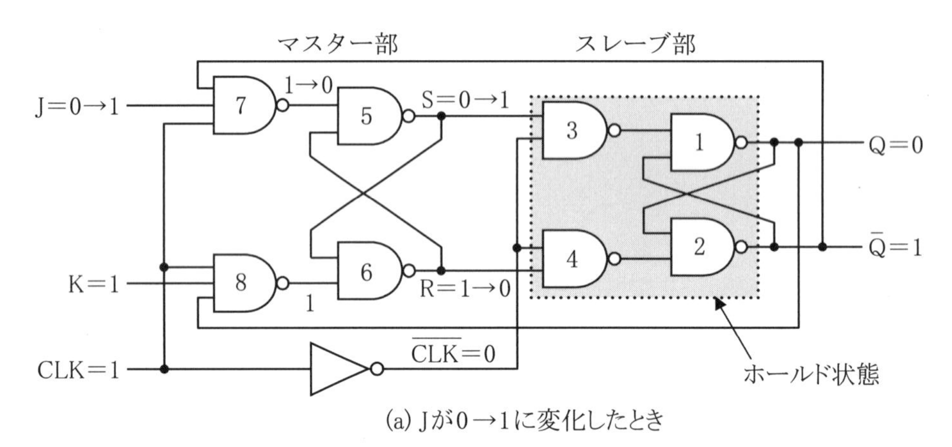

(a) Jが0→1に変化したとき

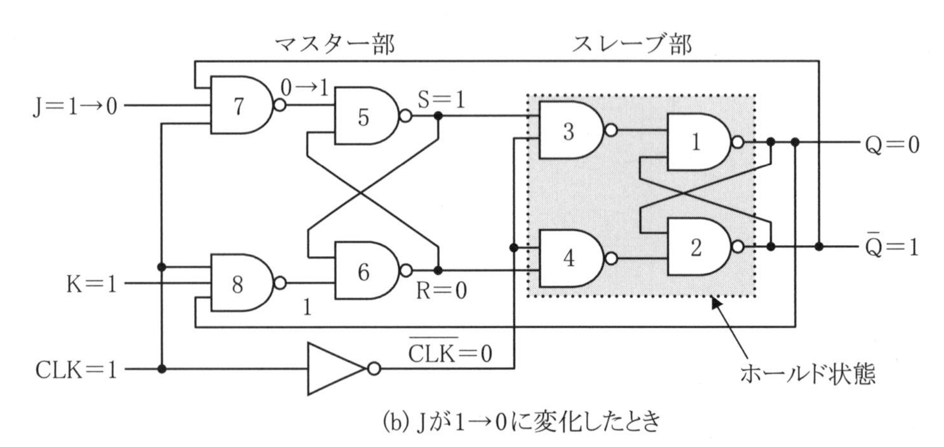

(b) Jが1→0に変化したとき

図 4.14　CLK=1 期間中に K=1 で J が 0→1→0 に変化した場合の誤動作

・このあと図 4.14(b)に示すように，J が 0 に戻ると $NAND_7$ は 0→1 となり元に戻るが，R は 0 のままなので，$NAND_5$ の出力は変化せず元の 0 には戻らない．従ってマスター部の出力 S と R は，セット状態 (S,R)＝(1,0) に反転したままになる．その後 CLK＝0 になると，本来リセット状態が送られるべきなのにセット状態がスレーブ部に伝えられるため，誤動作を起こしてしまう．
・誤動作 2 の説明は誤動作 1 と同様なので省略する．従って，MS-JK-FF では CLK＝1 期間中に J や K の入力を変化させてはならない．

特性方程式

3）JK-FF の特性方程式

・特性方程式を導出するにあたり，表 4.4 にあるホールド状態と反転状態の出力を明確にする．
・J＝K＝0 のホールド状態では，現状態の Q (以下 Q_n) が 0 ならば出力である次状態の Q (以下 Q_{n+1}) は 0 になるし，Q_n が 1 ならば出力である Q_{n+1} は 1 になる．
・J＝K＝1 の反転状態では，Q_n が 0 ならば出力である Q_{n+1} は 1 になるし，Q_n が 1 ならば出力である Q_{n+1} は 0 になる．
・従って，ホールド状態と反転状態の出力 Q_{n+1} は Q_n に依存する．
・(J,K)＝(0,1) のリセット状態では，Q_n に関わらず出力 Q_{n+1}＝0 になり，(J,K)＝(1,0) のセット状態では，Q_n に関わらず出力 Q_{n+1}＝1 になる．
・以上の結果，**表 4.5** に示すような JK-FF の特性表を得ることができる．
・出力 $\overline{Q}$ については Q を反転させればよいのでここでは省略し，Q のみを扱うことにする．

特性表

表 4.5　JK-FF の特性表（Q_n を場合分け）

入力 J	入力 K	入力 Q_n	出力 Q_{n+1}	状態（依存変数）
0	0	0	0	ホールド (Q_n)
0	0	1	1	ホールド (Q_n)
0	1	0	0	リセット (J, K)
0	1	1	0	リセット (J, K)
1	0	0	1	セット (J, K)
1	0	1	1	セット (J, K)
1	1	0	1	反転 (Q_n)
1	1	1	0	反転 (Q_n)

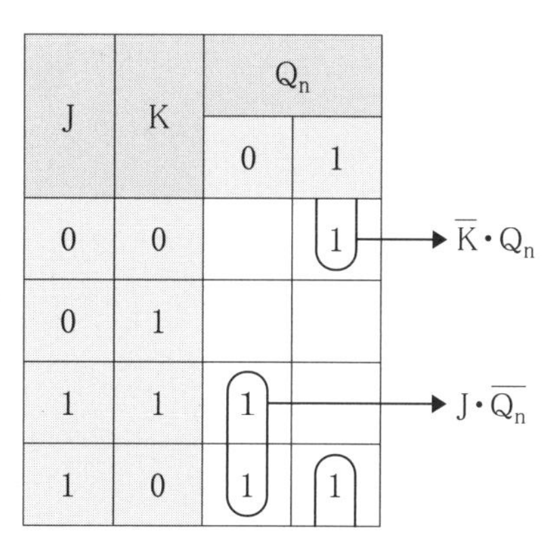

図 4.15　次状態 Q_{n+1} のカルノー図

・**図 4.15** に表 4.5 から作成した加法標準形のカルノー図を示す．図中の 1 は出力 $Q_{n+1}=1$ のときの最小項である．

・図では，$Q_n=0$ 列にある隣り合う 1 同士の論理和 $((J \cdot K)+(J \cdot \overline{K})=J \cdot (K+\overline{K})=J)$ で K が消去され，最小項の論理和が $J \cdot \overline{Q_n}$ に簡単化され，$Q_n=1$ 列にある隣り合う 1 同士の論理和 $((\overline{J} \cdot \overline{K})+(J \cdot \overline{K})=(\overline{J}+J) \cdot \overline{K}=\overline{K}$ で J が消去され，最小項の論理和が $\overline{K} \cdot Q_n$ に簡単化される．

・従って JK-FF の特性方程式は以下になる．

$$Q_{n+1}=(\overline{K} \cdot Q_n)+(J \cdot \overline{Q_n}) \quad \cdots\cdots \quad (4\text{-}2)$$

（4）D フリップ･フロップ

D フリップ･フロップ

1）D フリップ･フロップ基本回路

・図 4.5 に示す SR-FF の R 端子に，S 端子の反転を入力した回路を **D フリップ･フロップ**（以下 D-FF）という．新たな入力端子を S ではなく D とする．**図 4.16** に D-FF の回路図を**図 4.17** に D-FF のシンボルを示す．

・$R=\overline{S}$ であるので，$S=0$ のとき $R=1$，$S=1$ のとき $R=0$ となる．$S=R=0$ や $S=R=1$ の入力は存在しない．従って D-FF の特性表は，表 4.2 に示す SR-FF 特性表から $S=R=0$ の行と，$S=R=1$ の行を削除したものになる．**表 4.6** に D-FF の特性表を示す．

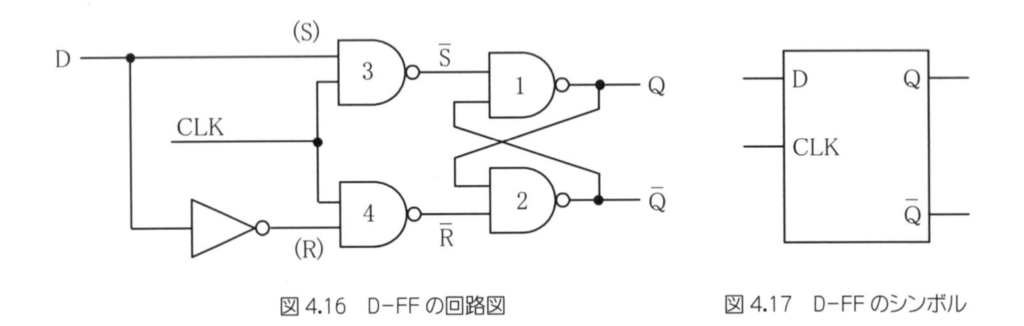

図 4.16　D-FF の回路図

図 4.17　D-FF のシンボル

特性表

表 4.6　D-FF の特性表

入力		出力		状態
CLK	D	Q	$\overline{Q}$	
0	–	A	$\overline{A}$	ホールド
1	1	1	0	セット
1	0	0	1	リセット

・D–FF の動作について**図 4.18**(a)～(c)を用いて説明する．

・図 4.18(a)に CLK ＝ 0 でセット状態（Q ＝ 1，$\overline{\mathrm{Q}}$ ＝ 0）のときの各部の信号値を示す．CLK ＝ 0 より，NAND_3 および NAND_4 の出力である $\overline{\mathrm{S}}$ と $\overline{\mathrm{R}}$ は 1 となる．$\overline{\mathrm{Q}}$ ＝ 0 が NAND_1 に入力されるので，NAND_1 の出力 Q は 1 となる．Q はもともと 1 なので Q 出力は変化しない．Q ＝ 1 が NAND_2 に入力されると，$\overline{\mathrm{R}}$ も 1 なので NAND_2 の 2 つの入力はともに 1 となる．

・従って NAND_2 の出力である $\overline{\mathrm{Q}}$ は 0 となる．$\overline{\mathrm{Q}}$ はもともと 0 なので Q 出力は変化しない．Q も $\overline{\mathrm{Q}}$ も変化しないので，CLK ＝ 0 は D–FF をホールド状態にする．

・ CLK ＝ 0 でリセット状態（Q ＝ 0, $\overline{\mathrm{Q}}$ ＝ 1）のときも上記同様にホールド状態になり，出力は変化しない．

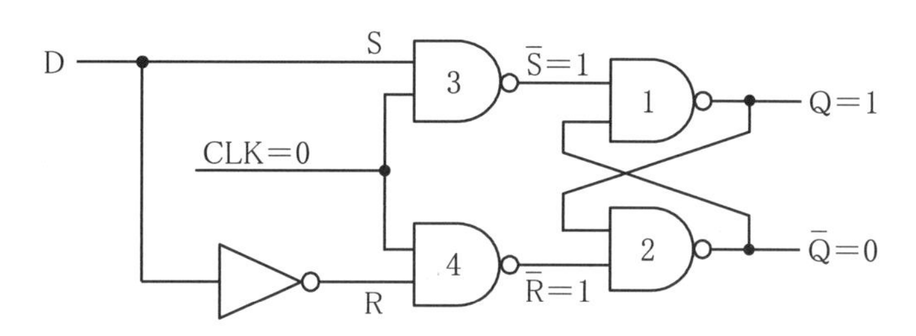

図 4.18(a)　D–FF 動作（CLK=0）

・図 4.18(b)に CLK ＝ 1 でセット状態（Q ＝ 1, $\overline{\mathrm{Q}}$ ＝ 0）のときに D ＝ 0 が入ったときの各部の信号値を示す．D ＝ 0 より NAND_3 の出力 $\overline{\mathrm{S}}$ ＝ 1 となる．NAND_4 の 2 つの入力はともに 1 より，NAND_4 の出力 $\overline{\mathrm{R}}$ ＝ 0 となる．$\overline{\mathrm{R}}$ ＝ 0 より，NAND_2 の出力 $\overline{\mathrm{Q}}$ は 0 から 1 に反転する．NAND_1 の 2 つの入力がともに 1 となるので，出力 Q は 1 から 0 に反転する．結果，CLK ＝ 1 のときに D ＝ 0 が入力されると，D–FF はリセット状態になる．

・入力($\overline{\mathrm{S}}$,$\overline{\mathrm{R}}$)＝(1,0)のとき出力が(Q,$\overline{\mathrm{Q}}$)＝(0,1)となることは，表 4.1 からもわかる．

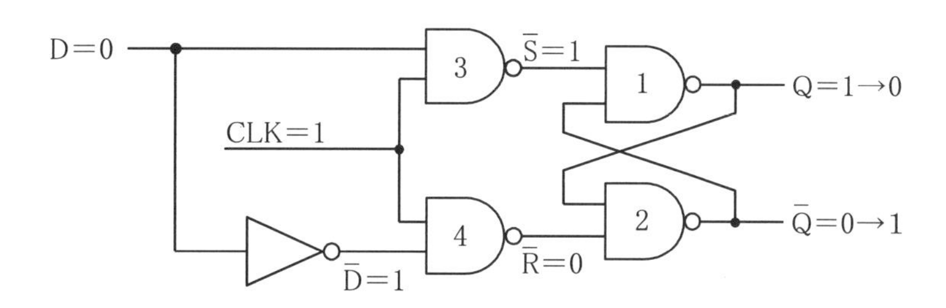

図 4.18(b)　D–FF 動作（CLK=1, D=0, Q=1, $\overline{\mathrm{Q}}$=0）

・最初 Q＝0, $\bar{Q}$＝1 のリセット状態のときは，出力 Q と $\bar{Q}$ の変化はない．

・図 4.18(c)に CLK＝1 でリセット状態（Q＝0, $\bar{Q}$＝1）のときに D＝1 が入ったときの各部の信号値を示す．D＝1 より $NAND_4$ の入力は 0 となるので，$NAND_4$ の出力 $\bar{R}$＝1 となる．$NAND_3$ の 2 つの入力はともに 1 より，$NAND_3$ の出力 $\bar{S}$＝0 となる．$\bar{S}$＝0 より $NAND_1$ の出力 Q は，0 から 1 に反転する．すると $NAND_2$ の 2 つの入力がともに 1 となるので，$NAND_2$ の出力 $\bar{Q}$ は 1 から 0 に反転する．結果，CLK＝1 のときに D＝1 が入力されるとセット状態になる．

・入力($\bar{S}$,$\bar{R}$)＝(0,1)のとき出力が(Q,$\bar{Q}$)＝(1,0)となることは，表 4.1 からもわかる．

・最初 Q＝1, $\bar{Q}$＝0 のセット状態のときは，出力 Q と $\bar{Q}$ は変化しない．

・以上のことから，D-FF では CLK＝1 で，D＝1 の信号が入力されると出力 Q＝1 に，D＝0 の信号が入力されると出力 Q＝0 になり，D 入力が Q 出力にそのまま現れる．

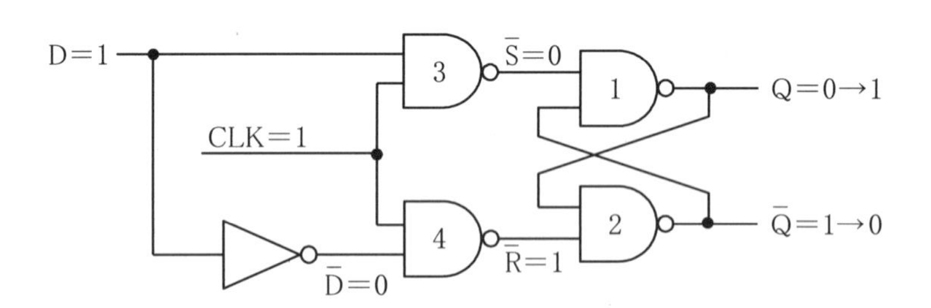

図 4.18(c)　D-FF 動作（CLK=1, D=1, Q=0, $\bar{Q}$=1）

練習 4.2　下図は D-FF のタイミング図である．入力 D に対する出力 Q の波形を図中に描け．ただし，図中の数字は時刻を表す．回路内の遅延は考えなくてよい．

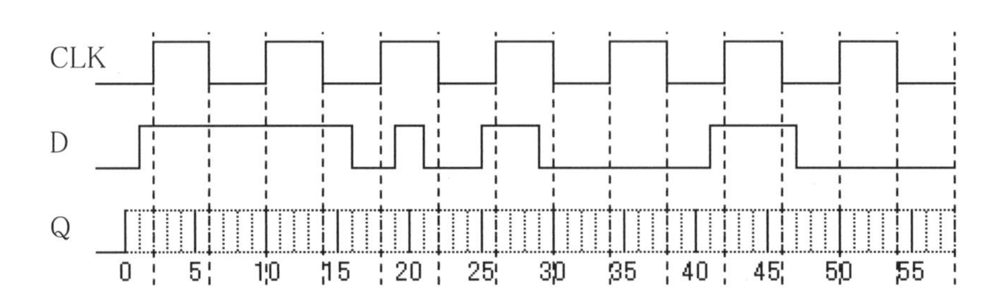

2）マスター・スレーブ D フリップ･フロップ

・図 4.7 の JK-FF は，CLK＝1 の期間が長い場合には発振を起こした．それを解決するために，後段に SR-FF を接続してマスター･スレーブ方式にしたのであった．D-FF では，CLK＝1 の期間に D 入力信号が変化しても誤動作はしない．しかし，練習 4.2 で見たように CLK＝1 のとき，D 入力の変化に応じて Q 出力も変化する．理想的には CLK＝1 の期間に D が変化しても，Q が変化しないのが望ましい．

・そこで，D-FF も後段に SR-FF を接続したマスター･スレーブ D フリップ･フロップ（以下 MS-D-FF）を考える．**図 4.19** に MS-D-FF の回路図を示す．特性表は表 4.6 と同じである．

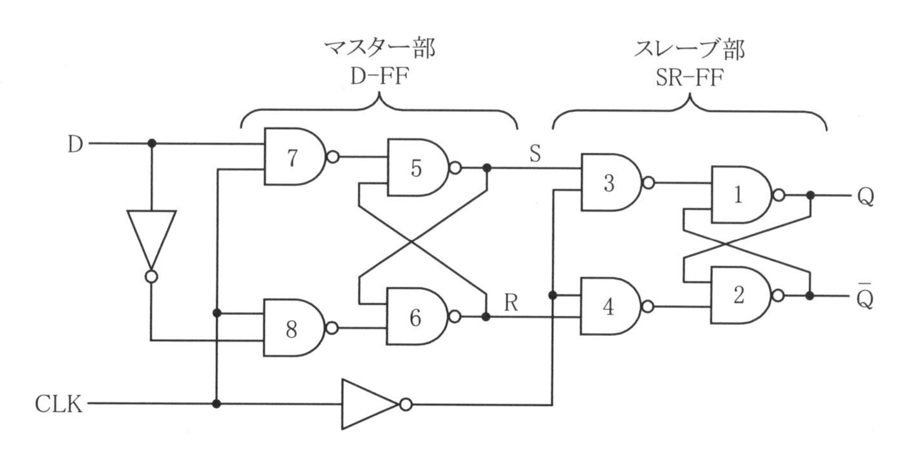

図 4.19　MS-D-FF の回路図

・**図 4.20**(a)～(d)を用いて動作を説明する．

・図 4.20(a)は，CLK＝1 のときに D＝1 が入力された場合を示す．CLK＝1 より，マスター部は受け付け状態，スレーブ部はホールド状態でデータを受け付けない．

・マスター部は D-FF であるので，表 4.6 より CLK=1, D=1 のときの出力(S,R)＝(1,0)になる．

・結果，入力 D＝1 はマスター部を通過して S＝1, R＝0 として記憶される．

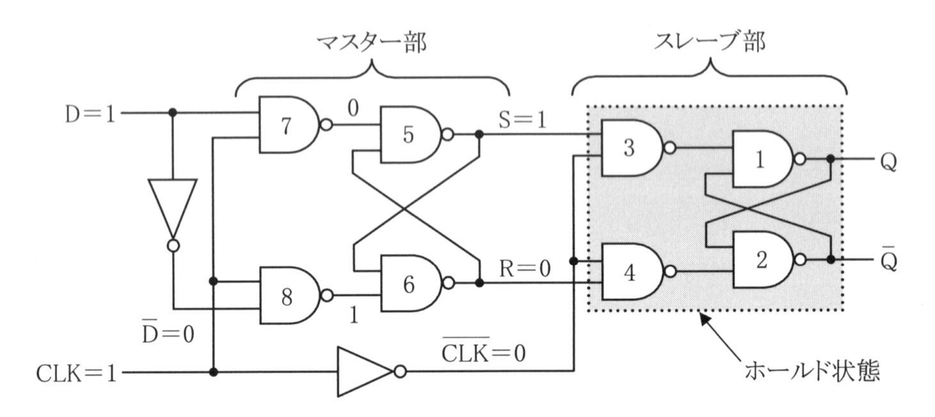

図 4.20(a)　MS-D-FF の動作（CLK=1, D=1 の場合）

・図 4.20(b)に示すように，CLK が 1 から 0 になると，マスター部はホールド状態となり，D 入力を受け付けず，スレーブ部がマスター出力(S,R)＝(1,0)を受け付ける．

・スレーブ部は SR-FF であるので，表 4.2 より(S,R)＝(1,0)のときの出力(Q,$\overline{\text{Q}}$)＝(1,0)になる．

・結果，CLK＝1 で D＝1 が入力されると，CLK＝0 で Q＝1, $\overline{\text{Q}}$＝0 が出力される．

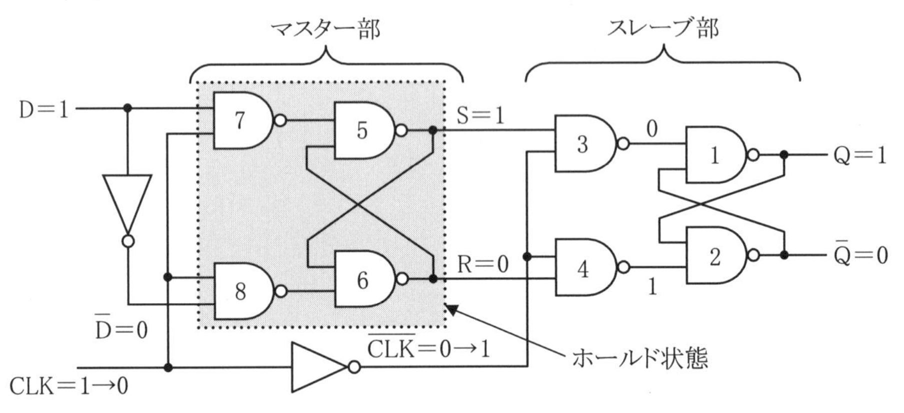

図 4.20(b)　MS-D-FF の動作（CLK=0, D=1 の場合）

・図 4.20(c)は，CLK＝1 のときに D＝0 が入力された場合を示す．CLK＝1 よりマスター部は受け付け状態，スレーブ部はホールド状態でデータを受け付けない．

・マスター部は D-FF であるので，表 4.6 より CLK＝1, D＝0 のときの出力(S,R)＝(0,1)になる．

・結果，入力 D＝0 はマスター部を通過して S＝0, R＝1 として記憶される．

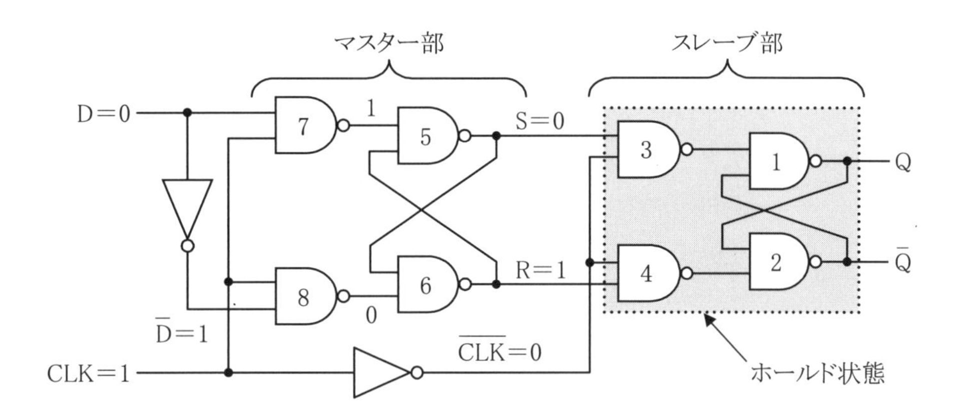

図 4.20(c)　MS-D-FF の動作（CLK=1, D=0 の場合）

・図 4.20(d)に示すように，CLK が 1 から 0 になると，マスター部はホールド状態となり，D 入力を受け付けず，スレーブ部がマスター出力(S,R)＝(0,1)を受け付ける．

・スレーブ部は SR-FF であるので，表 4.2 より(S,R)＝(0,1)のときの出力(Q,$\overline{Q}$)＝(0,1)になる．

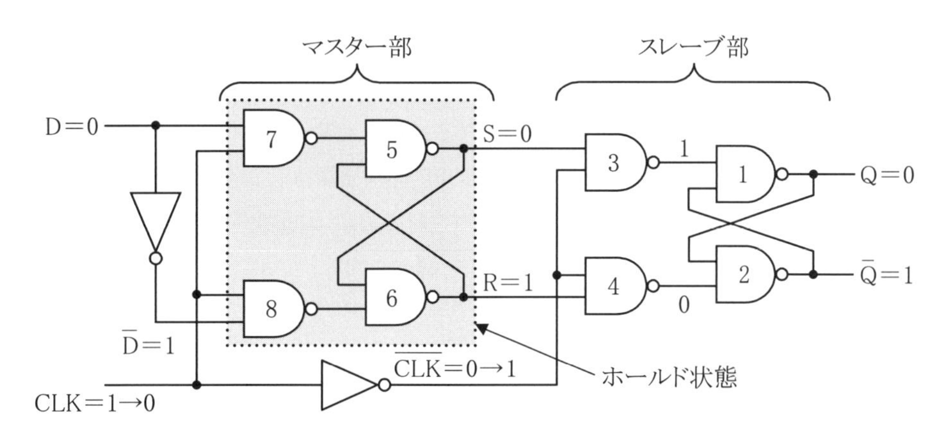

図 4.20(d)　MS-D-FF の動作（CLK=0, D=0 の場合）

・結果，CLK＝1でD＝0が入力されると，CLK＝0で$Q=0, \overline{Q}=1$が出力される．

・ここで注意すべきことは，CLK＝1でD入力が変化しても，スレーブ部はホールド状態であるので，出力は以前の状態を維持しており，変化しない．また，CLK＝0でQに出力されるが，このときD入力が変化しても，マスター部は受け付けないため，出力に影響を与えない．従って，CLK＝1のときにD入力が変化すると，出力も変化するというD-FFの欠点が解消された．

特性方程式

3）D-FFの特性方程式

・図4.16で示したように，D-FFはSR-FFのS入力をD入力とし，R入力をS入力の否定としたものである．すなわち，$S=D, R=\overline{S}=\overline{D}$.

・D-FFの特性方程式を得るには，(4-1)式に示すSR-FFの特性方程式：$Q_{n+1}=S+(\overline{R}\cdot Q_n)$の右辺にあるSとRをDに変更すればよい．

・(4-1)式に，$S=D, R=\overline{S}=\overline{D}$を代入するとD-FFの特性方程式は，$Q_{n+1}=S+(S\cdot Q_n)=D+(D\cdot Q_n)$となる．この式に(2-15)式①の吸収則：$A+(A\cdot B)=A$を上式に適用すると$D+(D\cdot Q_n)=D$となるので，D-FFの特性方程式は以下になる．

$$Q_{n+1}=D \quad \cdots\cdots (4\text{-}3)$$

・(4-3)式より次の状態Q_{n+1}は，現在の状態Q_nには依存せずD入力で決まることを示している．

（5）エッジトリガ方式フリップ・フロップ

・フリップ・フロップとして本書では，SR-FF, JK-FF, D-FFの3種類を述べた．

・今まで登場したFFを振り返ってみる．SR-FFでは禁止状態（S＝R＝1）が存在する．JK-FFでは禁止状態は解決されたが，CLK＝1期間が長いと発振状態（J＝K＝1）になる．そのためJK-FFにマスター・スレーブ方式を導入し，発振を止めた．D-FFでは発振は起こらないが，CLK＝1期間にD入力の変化がそのまま出力されるという問題があった．そのため，D-FFにもマスター・スレーブ方式を導入した．

・フリップ・フロップのもう1つの方式として，エッジトリガ（Edge Trigger）方式がある．

エッジトリガ方式

・**エッジトリガ方式**とは，クロックの0→1への立ち上がり（以下↑），または立ち下がり（以下↓）の瞬間にデータを取り込む方式のことである．従って，クロックがデータを取り込む瞬間には，取り込んでほしいデータを与えなければならない．逆にいうと，クロックがデータを取り込む瞬間だけデータを与えればよいのである．

ポジティブ・エッジ

ネガティブ・エッジ

・クロックの↑を**ポジティブ・エッジ**とよび，↓を**ネガティブ・エッジ**という．
・エッジトリガ方式のFFとして，JK-FFおよびD-FFを取り上げる．

1）エッジトリガ JK フリップ・フロップ

・**図 4.21**(a)および(b)に，RESET端子付エッジトリガJKフリップ・フロップ（以下EG-JK-FF）のシンボルを示す．

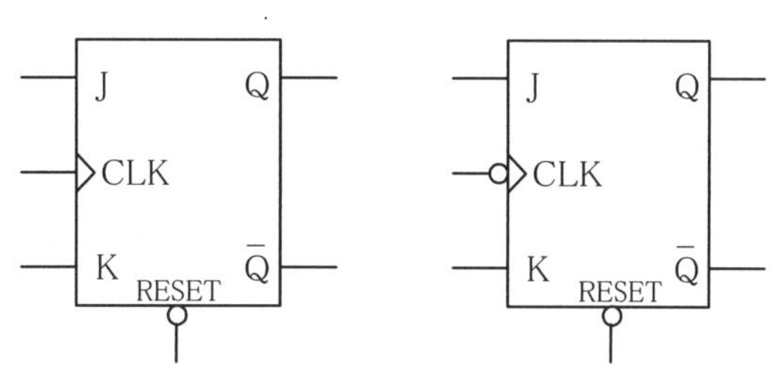

(a) ポジティブ・エッジ　(b) ネガティブ・エッジ

図 4.21　EG-JK-FF（RESET 端子付）のシンボル

・図4.21(a)はポジティブ・エッジのJK-FF（↑EG-JK-FF）で，クロックの↑時にデータを取り込む．図4.21(b)はネガティブ・エッジのJK-FF（↓EG-JK-FF）で，クロックの↓時にデータを取り込む．
・図4.21で，CLK端子に付いている△印がエッジトリガを表し，○印はNOT機能を表す．従って○印が付いていない△印はポジティブ・エッジを，○印付き△印はネガティブ・エッジを示す．
・**表 4.7** にEG-JK-FFの特性表を示す．RESET＝1では，CLKが↑または↓の瞬間のJとKの状態によって出力が決まる．例えばJ＝K＝0のときCLK＝↑または↓となると，出力はホールド状態になり，J＝K＝1のときCLK＝↑または↓となると，出力は反転する．RESET＝0になると，他の入力に関係なくリセットされる．

特性表

表 4.7　EG-JK-FF（RESET 付）の特性表

入力				出力		状態
RESET	CLK	J	K	Q	$\overline{Q}$	
0	－	－	－	0	1	リセット
1	↑or↓	0	0	A	$\overline{A}$	ホールド
1	↑or↓	1	0	1	0	セット
1	↑or↓	0	1	0	1	リセット
1	↑or↓	1	1	$\overline{A}$	A	反転

・EG-JK-FF の回路の中身については，CMOS トランジスタで構成されたものを 5.4 節(4)で紹介する．

・**図 4.22** に↓EG-JK-FF のタイミング図を示す．

・CLK＝1 で入力データを受け付ける．取り込まれるのは，CLK が 1→0 に変化する寸前の入力データである．

・CLK＝0 になると，表 4.7 の特性表に従って受け付けられた入力に対応するデータが出力される．

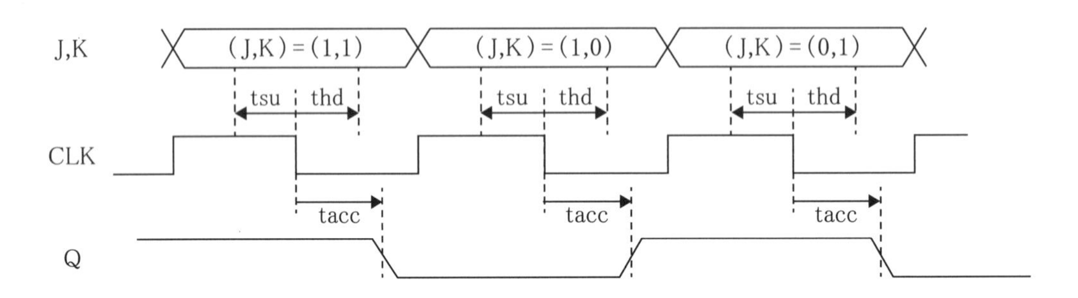

図 4.22　↓EG-JK-FF のタイミング図

・入力データを確実に受け付けるために，CLK＝0 になる以前にデータを決定し，CLK＝0になった後もしばらくの間データは保持されなければならない．すなわち CLK↓の前後に時間的余裕が必要である．CLK＝0 になる前に持たせる余裕時間をセットアップタイム (tsu) といい，CLK＝0 になった後に持たせる余裕時間をホールドタイム (thd) という．図4.22のJ,K入力データ (J,K)＝(1,1)，(J,K)＝(1,0)，(J,K)＝(0,1) は tsu 以前に確定しており，thd の後までデータを維持しているので問題はない．

・データが取り込まれてから出力されるまでの時間をアクセスタイム (tacc) という．

2）エッジトリガ D フリップ・フロップ

・**図 4.23**(a)および(b)に，RESET 端子付エッジトリガ D フリップ・フロップ（以下 EG-D-FF）のシンボルを示す．

・図 4.23(a)はポジティブ・エッジの D-FF（↑EG-D-FF）で，クロックの↑時にデータを取り込む．図 4.23(b)はネガティブ・エッジの D-FF（↓EG-D-FF）で，クロックの↓時にデータを取り込む．

・**表 4.8** に EG-D-FF の特性表を示す．RESET＝0 のときは，CLK や D の入力に関係なくリセット状態になる．RESET＝1 では，CLK が↑または↓時に D 入力が Q や $\overline{Q}$ 出力に現われる．

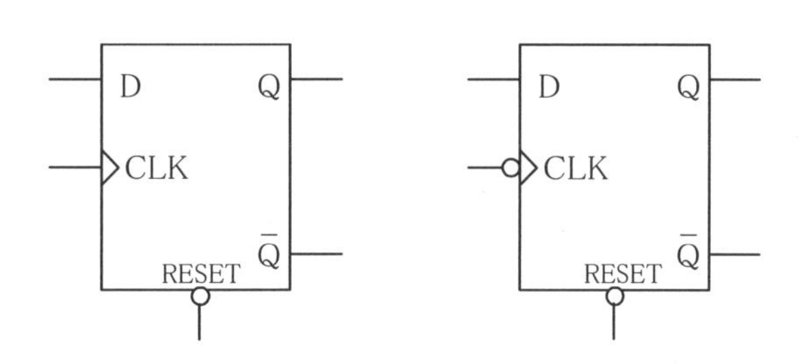

(a) ポジティブ・エッジ　(b) ネガティブ・エッジ

図 4.23　EG-D-FF のシンボル

特性表

表 4.8　EG-D-FF (RESET 付) の特性表

入力			出力		状態
RESET	CLK	D	Q	$\overline{Q}$	
0	–	–	0	1	リセット
1	↑ or ↓	0	1	0	セット
1	↑ or ↓	1	0	1	リセット

・MS-D-FF では図 4.20(a)や(c)に示したように，CLK＝1 期間に D よりデータを入力するが，入力途中で D 入力データが変化しても，出力 Q は変化しない．D 入力から取り込まれるデータは，CLK が↓になってマスター部がホールド状態になる直前のものである．そして CLK＝0 になった途端，スレーブ部が受付状態になり，取り込まれたデータが出力される．そのとき，マスター部がホールド状態になり，入力データは拒絶される．

・このように，MS-D-FF は CLK が↓の瞬間にデータを D 入力から取り込み，Q 出力より出力する．これは↓EG-D-FF と同じ機能である．

・従って，D-FF の場合，マスタスレーブ方式とエッジトリガ方式は同じ回路で実現される．

・EG-D-FF の別回路については，CMOS トランジスタで構成されたものを 5.4 節(3)で紹介する．

・**図 4.24** に EG-D-FF のタイミング図を示す．図 4.24 において，CLK＝1 でマスター部で受け付けられた D 入力データは，CLK＝0 でスレーブ部に送られ，Q に出力される．現実には CLK＝0 になった瞬間にデータが出力されるのではなく，スレーブ部を信号が通過する際に遅れが生じるので，アクセスタイム（tacc）後に出力される図になっている．

・注目すべきはマスター受付③のときで，受付期間に D 入力が 0 から 1 になり再び 0 に落ちている．この場合，受け付けが終了する時点でのデータ 0 が取り込まれ，それまでの一時的な変化は無視される．

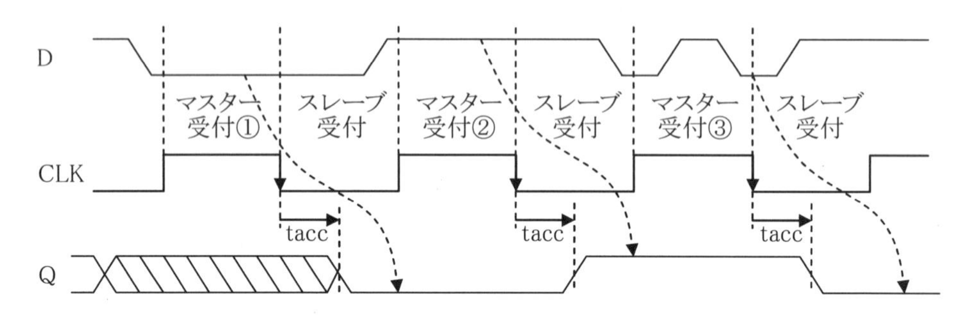

図 4.24　EG-D-FF のタイミング図

4.2　カウンタ

カウンタ

・**カウンタ**とは入力されるクロック数を数えるものである．

・カウンタは複数のフリップ・フロップ（以下 FF）で構成されており，同期式と非同期式がある．

・同期式カウンタでは，全ての FF のクロック（以下 CLK）入力に同じクロック信号（以下 Clock）が入力されている．

・非同期式カウンタでは，初段の FF の CLK に Clock が供給されるが，２段目以降は，前段の出力が後段の CLK に接続されている．すなわち Clock は全ての FF の CLK に入力されているわけではない．

非同期式カウンタ

リップル・カウンタ

（１）非同期式カウンタ（リップル・カウンタ）

１）非同期式 2^n 進カウンタ

・**図 4.25** に，ネガティブ・エッジトリガ JK-FF（以下↓EG-JK-FF）で構成された4ビット非同期式16進（2^4進）カウンタの回路図を示す．図に示すように，全ての↓EG-JK-FFのJおよびK入力に1を入力し，1段目のCLKにClockを入力し，2段目以降は各FFのQ出力を次段のCLKに接続したものである．

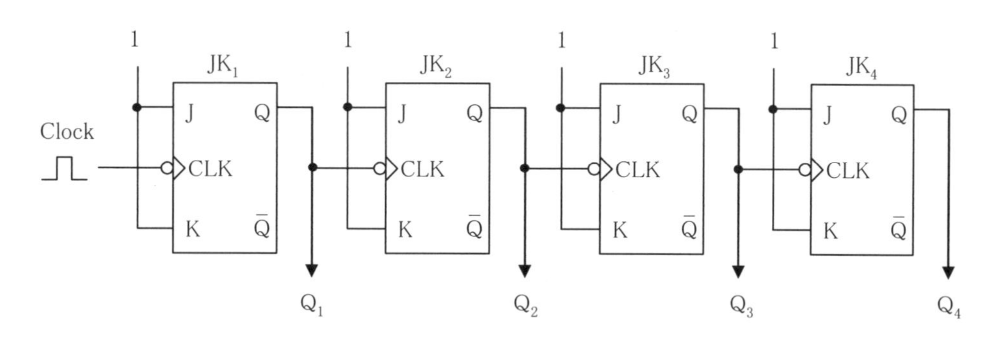

図 4.25　4ビット非同期式カウンタの回路図

・**図 4.26** に4ビット非同期式カウンタのタイミング図を示す．カウント数は各EG-JK-FFの出力をQ_4, Q_3, Q_2, Q_1の順に並べた4ビットの2進数で表される．
・図 4.25 および図 4.26 を用いて，4 ビット非同期式カウンタの動作を説明する．
・Clockが入る前は（Q_4,Q_3,Q_2,Q_1）＝(0,0,0,0) である．
・4つのJK-FFのJとKはともに1なので，表4.7にあるようにCLKに1→0（以下↓）が入力されるたびに出力が反転する．

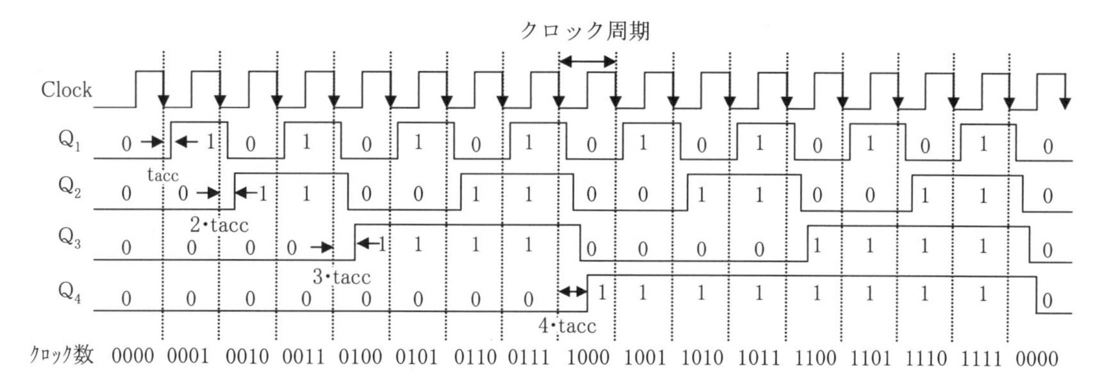

図 4.26　4ビット非同期式カウンタのタイミング図

・従って，図 4.25 の左端のJK_1のCLKにClockの↓が入ると，Q_1が0→1に反転する．このときQ_1は，JK-FFのアクセス時間（tacc）だけ遅れて出力される．この時点で（Q_4,Q_3,Q_2,Q_1）＝(0,0,0,1) であり，クロック 1 個がカウントされたことを表している．

・2 個目の Clock の↓が JK_1 の CLK に入ると，tacc 後に Q_1 は 1 から 0 に変化し，この Q_1 の変化↓が次段の JK_2 の CLK に入るので，Q_2 が 0 から 1 に反転する．このとき Q_2 も Q_1 より tacc だけ遅れるので，Clock の↓から 2･tacc だけ遅れる．この時点で $(Q_4,Q_3,Q_2,Q_1)=(0,0,1,0)$ であり，クロック 2 個がカウントされたことを示している．

・3 個目の Clock の↓が JK_1 の CLK に入ると，tacc 後に Q_1 は 0 から 1 に変化するが，この変化は 0→1 なので，JK_2 の出力 Q_2 は 1 のままである．この時点で $(Q_4,Q_3,Q_2,Q_1)=(0,0,1,1)$ であり，クロック 3 個がカウントされたことを表す．

・4 個目の Clock の↓が JK_1 の CLK に入ると，tacc 後に Q_1 は 1 から 0 に変化する．この Q_1 の↓が次段の JK_2 の CLK に入るので，Q_2 が 1 から 0 に反転する．この Q_2 の↓が次段の JK_3 の CLK に入るので，Q_3 が 0 から 1 に反転する．このとき Q_2 は Q_1 より tacc だけ遅れ，Q_3 は Q_2 より tacc だけ遅れるので，Clock の↓から Q_2 は 2･tacc だけ，Q_3 は 3･tacc だけ遅れる．この時点で $(Q_4,Q_3,Q_2,Q_1)=(0,1,0,0)$ であり，クロック 4 個がカウントされたことを表す．

・以下 5 個，6 個，7 個と Clock を入力し，8 個目の↓が JK_1 の CLK に入ると，図 4.26 より Q_1 は 1 から 0 に，Q_2 も 1 から 0 に，Q_3 も 1 から 0 に反転する．この Q_3 の↓が次段の JK_4 の CLK に入るので，Q_4 が 0 から 1 に反転する．このとき Q_2 は Q_1 より tacc だけ遅れ，Q_3 は Q_2 より tacc だけ遅れ，Q_4 は Q_3 より tacc だけ遅れるので，Clock の↓から Q_4 は 4･tacc だけ遅れる．この時点で $(Q_4,Q_3,Q_2,Q_1)=(1,0,0,0)$ であり，クロック 8 個がカウントされたことを表す．

・以降も続けると，15 個目の Clock の↓が JK_1 の CLK に入ると，$(Q_4,Q_3,Q_2,Q_1)=(1,1,1,1)$ となる．次に 16 個目の Clock の↓が JK_1 の CLK に入ると，Q_1 は 1 から 0 に反転し，Q_1 の↓を受けて Q_2 が 1 から 0 に反転し，この Q_2 の↓を受けて Q_3 が 1 から 0 に反転し，この Q_3 の↓を受けて Q_4 が 1 から 0 に反転する．結果，$(Q_4,Q_3,Q_2,Q_1)=(0,0,0,0)$ となってリセットされる．

・このように，FF の段数により遅延の増加はあるが，0～15 までカウントして，16 個目が入るとカウント 0 にリセットされるので，図 4.25 のカウンタは 16 進カウンタであることがわかる．

2）非同期式N進カウンタ

・前項で述べた 4 ビット非同期式カウンタは，2^n 進カウンタであった．

・図 4.21 で述べたリセット端子付の EG-JK-FF を用いると，N 進カウンタ（N＝任意の正整数）を実現できる．

・一例として，**図 4.27** に 4 個の RESET 端子付 EG-JK-FF を用いた 10 進カウンタを示す．用いられている JK-FF は，図 4.21(b)の↓EG-JK-FF で，RESET＝0 で，出力は 0 にリセットされるものである．

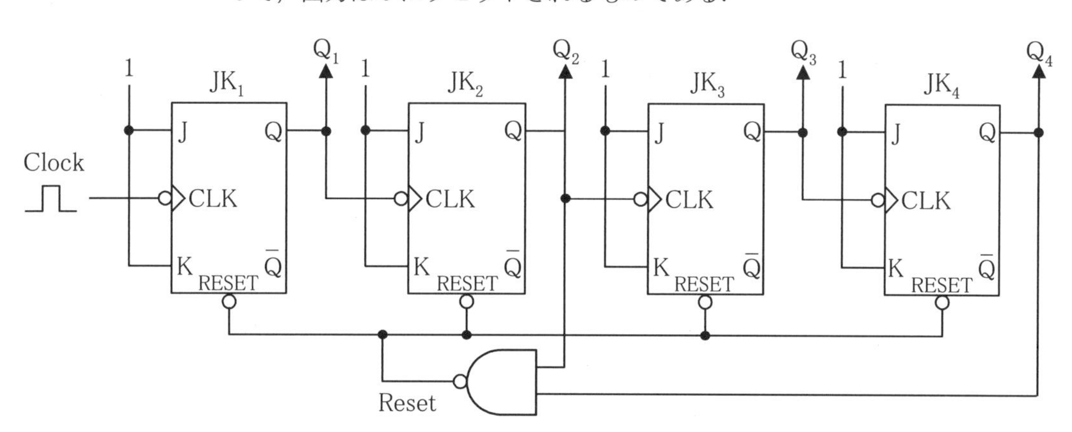

図 4.27　4 ビット非同期式 10 進カウンタの回路図

・10 進カウンタは，0 から 9 まで数えて，10 になったときに 0 を出力するものである．2 進数でいえば，0000 から 1001 まで数えて，1010 になったときに 0000 を出力すればよい．従って図 4.27 は，$(Q_4,Q_3,Q_2,Q_1)=(0,0,0,0)$ から数えていき，$(Q_4,Q_3,Q_2,Q_1)=(1,0,1,0)$ が出力されたときに RESET に 0 を入力して，4 つ全ての EG-JK-FF の出力（Q_4～Q_1）を 0 にする回路構成になっている．

・1010 を特定するには**図 4.28** が役立つ．図 4.28 より 4 ビット全部見なくても，Q_4 と Q_2 がともに 1 となるのは 1010 のとき以外にないことがわかる．従って，図 4.27 では Q_4 と Q_2 の NAND をとり，この NAND 出力である Reset を 0 にする．この Reset が各 EG-JK-FF の RESET 端子に接続されているので，1010 になった直後にリセットがかかり Q_1～Q_4 までの 4 本の出力からは 0 が出力される．このことから図 4.27 は 10 進カウンタであることがわかる．

・**図 4.29**(a)に 4 ビット非同期式 10 進カウンタのタイミング図を，図 4.29(b)には 1010 を検知して 0000 にリセットするリセット周期の拡大図を示す．これらの図を用いて 10 進カウンタの動作を説明する．

・図 4.29(a)に示すように，0(0000) から 9(1001) まではクロック数をカウントし，リセット周期に至る．図 4.26 で述べたように，Clock から Q_1 は tacc だけ，Q_2 は 2･tacc だけ，Q_3 は 3･tacc だけ，Q_4 は 4･tacc だけ遅れる．

	Q_4	Q_3	Q_2	Q_1
0：	0	0	0	0
1：	0	0	0	1
2：	0	0	1	0
3：	0	0	1	1
4：	0	1	0	0
5：	0	1	0	1
6：	0	1	1	0
7：	0	1	1	1
8：	1	0	0	0
9：	1	0	0	1
10：	1	0	1	0→ 0000へ

図 4.28　10 進数と 2 進数の対応

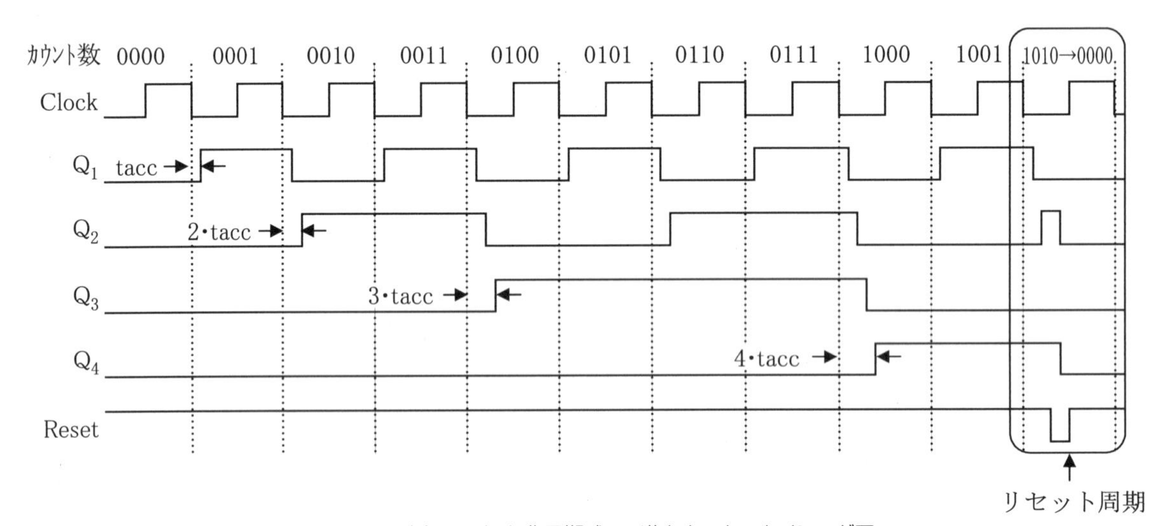

図 4.29(a)　4 ビット非同期式 10 進カウンタのタイミング図

・図 4.29(b)に示すように，Q_2が 0 から 1 になると Q_4は既に 1 であったので，$Q_4 = Q_2 = 1$ が実現し，$(Q_4,Q_3,Q_2,Q_1) = (1,0,1,0)$ になったと判定する．このとき図 4.29(b)の①に示すように図 4.27 の NAND 素子 1 段分を通過する時間だけ遅れて Reset は 0 になる．

・この Reset = 0 が全ての JK-FF の RESET に入力され，図 4.29(b)の②に示すように JK-FF の RESET から Q 出力までの信号通過時間だけ遅れて，全ての JK-FF の出力 Q_4～Q_1は 0 となる．これで 1010 から 0000 へのリセットが完了する．この結果，Q_4と Q_2も 0 になるので，図 4.27 の NAND 入力がともに 0 となる．このとき図 4.29(b)の③に示すように，図 4.27 の NAND 素子 1 段分を通過する時間だけ遅れて Reset は 1 になり，元に戻る．

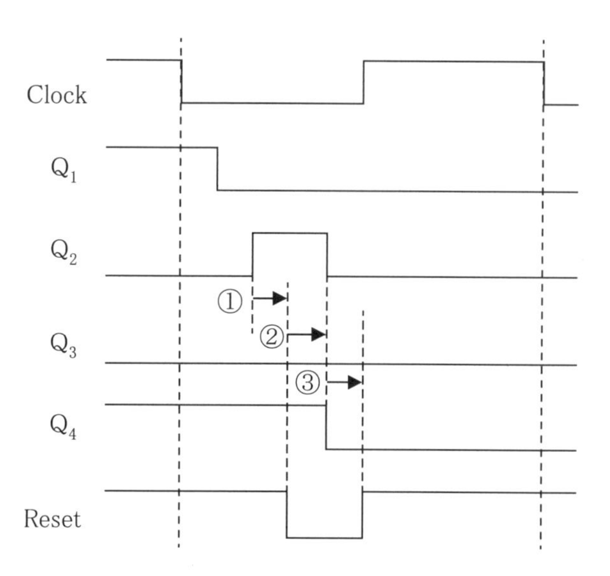

図 4.29(b)　図 4.29(a)におけるリセット周期の拡大図

練習 4.3　次図に示すように，3 つの RESET 端子付 JK-FF が直列に接続されている．図に NAND 素子を加えて，5 進カウンタを設計せよ．

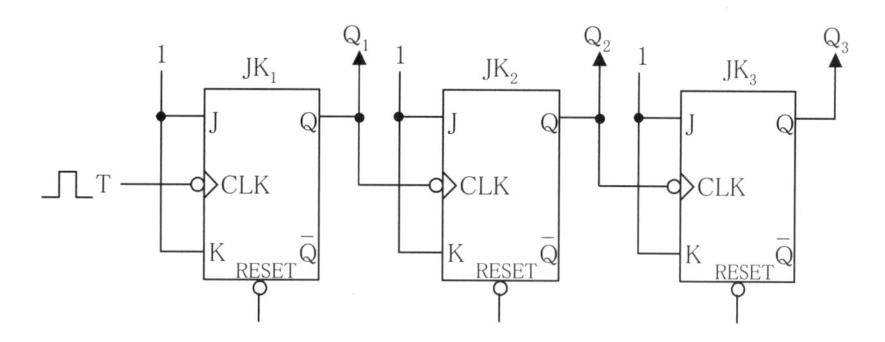

3）非同期式カウンタの問題点

・このカウンタの 1 つ目の問題点は，既にみたように JK-FF を通るにつれて 1 段あたり tacc の遅延が蓄積されることである．図 4.26 や図 4.29(a)に示すように，4 ビットの場合には最大 4･tacc だけ遅延する．更に段数が多くなるとクロックからの遅延が増大し，他の出力と同じ周期内にデータを出力することが困難になる．

・2 つ目の問題は，図 4.29(b)でみたように 9(1001) の次が 0(0000) になるのではなく，リセット周期でカウント出力は 9(1001) → 10(1010) → 0(0000) と変化し，短時間であるが 10(1010) が出現したことである．出現したというより，1010という信号を使ってリセット信号を作ったのであるから出現せざるを得なかったのである．このとき Q_4 が0になるのに時間がかかることについて我慢するとしても，Q_2 に全く意味のないパルス信号が発生するのは問題がある．なぜなら，Q_2 は0を維持すべきなのに不要なパルスが出るからである．
・これらの問題を解決するのが次に述べる同期式カウンタである．

同期式カウンタ

（2）同期式カウンタ

1）同期式 2^n 進カウンタ

・同期式カウンタでは，全てのFFのCLK入力に同じClockが入力される．

8進カウンタ

・例として8進カウンタを設計する．$8=2^3$ であるので，8進カウンタは 2^n 進カウンタの1つである．
・8進カウンタは，最初は0から始まりFFのCLKに入力されるClockの数を1から7まで順に数える．そして，8個目のClockが入ったときに0を出力する．すなわち，1, 2, 3, 4, 5, 6, 7, 0, 1, 2, 3, 4,・・・を繰り返す．
・0から7までを2進数で表現するためには，000から111まで3ビット必要である．従って，3個のFFを必要とする．ここでは図4.21で述べたEG-JK-FFを使うことにする．なお，同期式 2^n 進カウンタではRESETと $\bar{Q}$ は不要であるので，図4.21のEG-JK-FFシンボルにおけるRESETと $\bar{Q}$ を省いて表示することにする．
・JK-FFで8進カウンタを設計するためには，JとKに対して，JK-FFの条件と8進カウンタの条件を同時に満たす論理式を求めればよい．
・本節で扱う論理式は，式の表示を簡単にするため（　）で括られていない限り，論理積が論理和に優先するとする．
・**表4.9**に8進カウンタの状態遷移表を示す．これが8進カウンタの条件となる．

状態遷移表

表4.9　8進カウンタの状態遷移表

現状態			次状態		
Q_3	Q_2	Q_1	Q_3'	Q_2'	Q_1'
0	0	0	0	0	1
0	0	1	0	1	0
0	1	0	0	1	1
0	1	1	1	0	0
1	0	0	1	0	1
1	0	1	1	1	0
1	1	0	1	1	1
1	1	1	0	0	0

・表において，Q_3，Q_2，Q_1 は現状態における 3 個の JK-FF の Q 出力を示し，Q_3'，Q_2'，Q_1'は Clock 入力後における次状態の Q 出力を示す．Q_3 (Q_3') は 3 ビットのうちの最上位ビット，Q_1 (Q_1') は最下位ビットである．最初は 0 であるので，$(Q_3,Q_2,Q_1)=(0,0,0)$ から始まる．

・この状態に対する Clock 入力後の次状態は，Clock が 1 つ入って 1 だけカウントアップされるので $(Q_3',Q_2',Q_1')=(0,0,1)$ となる．同様に現状態が $(Q_3,Q_2,Q_1)=(0,0,1)$ であれば Clock 入力後の次状態は，$(Q_3',Q_2',Q_1')=(0,1,0)$ というように，次状態は現状態に対して 1 だけ加えられた状態である．最後に $(Q_3,Q_2,Q_1)=(1,1,1)$ の次状態は，$(Q_3',Q_2',Q_1')=(0,0,0)$ になる．

・ここで，現状態である Q_3，Q_2，Q_1 は入力，次状態である Q_3'，Q_2'，Q_1'は出力と考えてよい．次に Q_1'の値は，例えば Q_1 単独で決まるのではなく，Q_3，Q_2，Q_1 の 3 入力で決まる．
従って，カウンタは順序回路であるが，Q_3'，Q_2'，Q_1'の各出力が Q_3，Q_2，Q_1 の 3 入力で決まる組み合わせ回路とみなしてもよい．表 4.9 から Q_3'，Q_2'，Q_1'を出力とする加法標準形の論理式を求めると以下の式が得られる．(詳細は 2.2 節 (2) 1) ②を参照)

$$Q_3'=\overline{Q}_3\cdot Q_2\cdot Q_1+Q_3\cdot\overline{Q}_2\cdot\overline{Q}_1+Q_3\cdot\overline{Q}_2\cdot Q_1+Q_3\cdot Q_2\cdot\overline{Q}_1 \quad \cdots\cdots\cdots \quad (4\text{-}4)$$

$$Q_2'=\overline{Q}_3\cdot\overline{Q}_2\cdot Q_1+\overline{Q}_3\cdot Q_2\cdot\overline{Q}_1+Q_3\cdot\overline{Q}_2\cdot Q_1+Q_3\cdot Q_2\cdot\overline{Q}_1 \quad \cdots\cdots\cdots \quad (4\text{-}5)$$

$$Q_1'=\overline{Q}_3\cdot\overline{Q}_2\cdot\overline{Q}_1+\overline{Q}_3\cdot Q_2\cdot\overline{Q}_1+Q_3\cdot\overline{Q}_2\cdot\overline{Q}_1+Q_3\cdot Q_2\cdot\overline{Q}_1 \quad \cdots\cdots\cdots \quad (4\text{-}6)$$

・(4-4)～(4-6)式からカルノー図を作成して組み合わせ回路を簡単化する．

・**図 4.30** に出力 Q_3'，Q_2'，Q_1'に対するカルノー図を示す．2.2 節(3)の 1)の①で述べたように，隣り合う 1 をひとまとめにして論理を簡単化している．その結果，以下の式が得られる．

$$Q_3'=Q_3\cdot\overline{Q}_2+Q_3\cdot\overline{Q}_1+\overline{Q}_3\cdot Q_2\cdot Q_1$$

$$=Q_3\cdot(\overline{Q}_2+\overline{Q}_1)+\overline{Q}_3\cdot Q_2\cdot Q_1 \quad (Q_3\text{で括り出し})$$

$$=Q_3\cdot(\overline{Q_2\cdot Q_1})+\overline{Q}_3\cdot Q_2\cdot Q_1 \quad \cdots\cdots①$$

(ド・モルガンの定理：$\overline{Q}_2+\overline{Q}_1=(\overline{Q_2\cdot Q_1})$)

$$Q_2'=Q_2\cdot\overline{Q}_1+\overline{Q}_2\cdot Q_1 \quad \cdots\cdots②$$

$$Q_1'=\overline{Q}_1 \quad \cdots\cdots③$$

以上が，8 進カウンタを構成するための次状態と現状態の関係式 (8 進カウンタの条件) である．

・次に JK-FF の条件を考える．JK-FF の現状態 Q と次状態 Q'の関係は，4.1 節 (3)の 3)で述べた特性方程式：$Q_{n+1}=(\overline{K}\cdot Q_n)+(J\cdot\overline{Q_n})$ の Q_{n+1} を Q' に，Q_n を Q

に変更すると $Q' = \overline{K} \cdot Q + J \cdot \overline{Q}$ で表されるので，Q_3'，Q_2'，Q_1' の特性方程式は以下のようになる．

$$Q_3' = \overline{K}_3 \cdot Q_3 + J_3 \cdot \overline{Q}_3 \quad \cdots\cdots ①'$$

$$Q_2' = \overline{K}_2 \cdot Q_2 + J_2 \cdot \overline{Q}_2 \quad \cdots\cdots ②'$$

$$Q_1' = \overline{K}_1 \cdot Q_1 + J_1 \cdot \overline{Q}_1 \quad \cdots\cdots ③'$$

・最後に 8 進カウンタ条件と JK-FF 条件を連立させる．

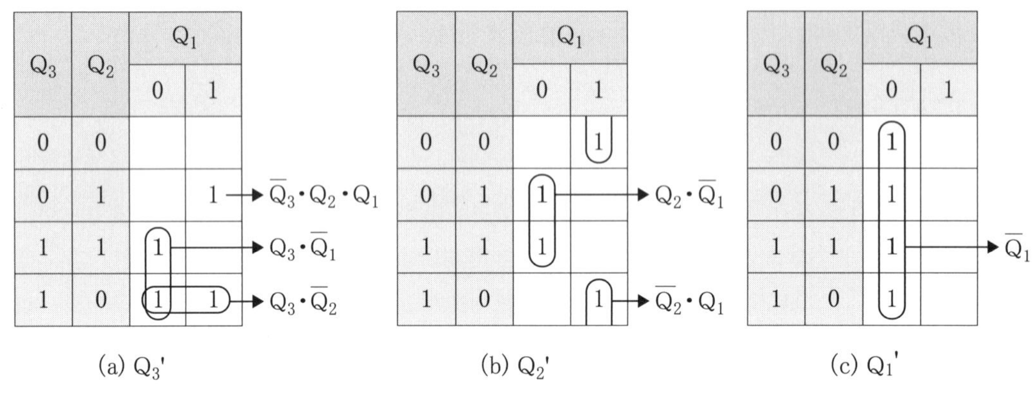

図 4.30　Q_3'，Q_2'，Q_1' のカルノー図

・①＝①'より，Q_3 の係数を比較すると，$\overline{K}_3 = (\overline{Q_1 \cdot Q_2})$ となり，$K_3 = Q_1 \cdot Q_2$ が得られる．次に $\overline{Q}_3$ の係数を比較すると $J_3 = Q_1 \cdot Q_2$ が得られる．ゆえに $J_3 = K_3 = Q_1 \cdot Q_2$ となる．これは，Q_3 を出力する最上位ビットの JK-FF の J 入力と K 入力に，$Q_1 \cdot Q_2$ を入力すればよいことを示している．

・②＝②'より，Q_2 の係数を比較すると，$\overline{K}_2 = \overline{Q}_1$ となり，$K_2 = Q_1$ が得られる．次に $\overline{Q}_2$ の係数を比較すると，$J_2 = Q_1$ が得られる．ゆえに $J_2 = K_2 = Q_1$ となる．これは，Q_2 を出力するビットの JK-FF の J 入力と K 入力に Q_1 を入力すればよいことを示している．

・③＝③'より，Q_1 の係数を比較すると，$\overline{K}_1 = 0$ となり，$K_1 = 1$ が得られる．次に $\overline{Q}_1$ の係数を比較すると，$J_1 = 1$ が得られる．ゆえに $J_1 = K_1 = 1$ となる．これは Q_1 を出力する最下位ビットの JK-FF の J 入力と K 入力に 1 を入力すればよいことを示している．

・以上のことから得られる EG-JK-FF による 8 進カウンタの回路図を**図 4.31** に示す．図において Clock は全ての JK-FF の CLK に入力されている．

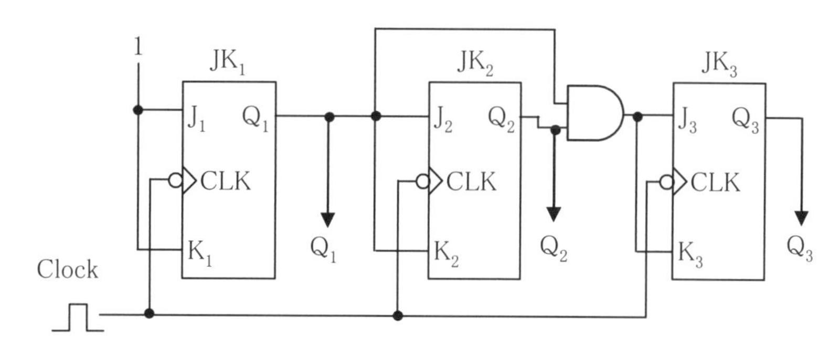

図 4.31　EG-JK-FF による同期式 8 進カウンタ回路図

・一般に 2^n 進カウンタの n は必要な FF の個数を表す．また，各 JK-FF の J, K に与える信号に次のような規則性がある．

$$J_1 = K_1 = 1$$
$$J_2 = K_2 = Q_1$$
$$J_3 = K_3 = Q_2 \cdot Q_1$$
$$J_4 = K_4 = Q_3 \cdot Q_2 \cdot Q_1$$
$$J_5 = K_5 = Q_4 \cdot Q_3 \cdot Q_2 \cdot Q_1$$
$$\vdots$$

・参考のため，**図 4.32** に同期式 2^n 進カウンタ（n＝JK−FF の段数）の回路図を示す．最下位ビットである Q_1 から 4 段分は詳細に描かれているが，それ以上は紙面の関係で割愛してある．

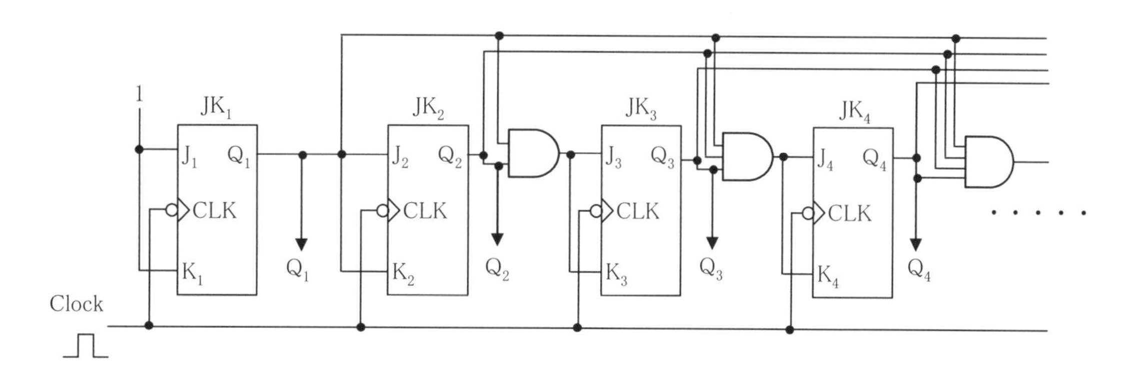

図 4.32　同期式 2^n 進カウンタの回路図

・**図 4.33** に↓EG-JK-FF を用いた場合の同期式 16 進カウンタのタイミング図を示す．

・Clock が入力される CLK から JK-FF 出力 Q までの遅延は，Clock が全ての JK-FF の CLK に直接入力されているので，非同期式のように後段で蓄積されることはなく，全て同じアクセスタイム（tacc）である．従って，非同期式で問題となった段数増加によるクロックから出力までの遅延増加は，解決されている．

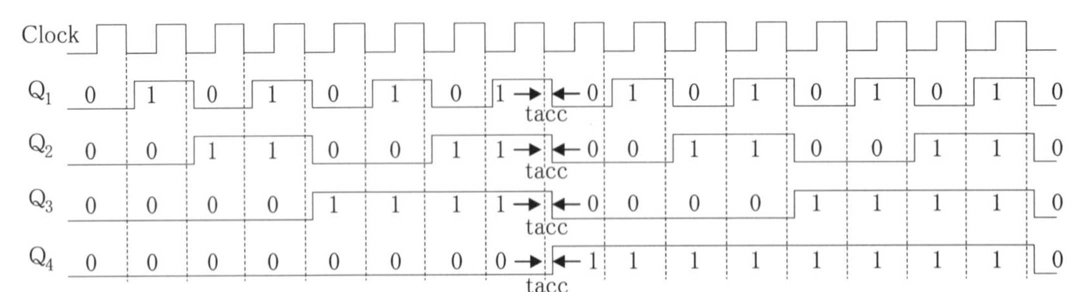

図 4.33　同期式 2^4 進（16 進）カウンタの回路図

2）同期式N進カウンタ

・次に同期式 N 進カウンタ（N＝任意の正整数で 2^n 以外）を設計してみる．

同期式 10 進カウンタ

・一例として同期式 10 進カウンタを JK-FF で設計する．

・前項 1）で述べたように，10 進カウンタの条件と JK-FF の条件を求め，それらを同時に満たす J 入力と K 入力への論理式を決定する．

・**表 4.10** の 10 進カウンタの状態遷移表を用いて，10 進カウンタの条件を求める．表において，10 進であるので 9(1001) の次の状態は 0(0000) である．

表 4.10　10 進カウンタの状態遷移表

現状態				次状態			
Q_4	Q_3	Q_2	Q_1	Q_4'	Q_3'	Q_2'	Q_1'
0	0	0	0	0	0	0	1
0	0	0	1	0	0	1	0
0	0	1	0	0	0	1	1
0	0	1	1	0	1	0	0
0	1	0	0	0	1	0	1
0	1	0	1	0	1	1	0
0	1	1	0	0	1	1	1
0	1	1	1	1	0	0	0
1	0	0	0	1	0	0	1
1	0	0	1	0	0	0	0

・表 4.10 から Q_4', Q_3', Q_2', Q_1'の論理式を求めると以下の式が得られる.

$$Q_4' = \overline{Q}_4 \cdot Q_3 \cdot Q_2 \cdot Q_1 + Q_4 \cdot \overline{Q}_3 \cdot \overline{Q}_2 \cdot \overline{Q}_1 \quad \cdots\cdots \quad (4\text{-}7)$$

$$Q_3' = \overline{Q}_4 \cdot \overline{Q}_3 \cdot Q_2 \cdot Q_1 + \overline{Q}_4 \cdot Q_3 \cdot \overline{Q}_2 \cdot \overline{Q}_1 + \overline{Q}_4 \cdot Q_3 \cdot \overline{Q}_2 \cdot Q_1 + \overline{Q}_4 \cdot Q_3 \cdot Q_2 \cdot \overline{Q}_1 \quad \cdots\cdots \quad (4\text{-}8)$$

$$Q_2' = \overline{Q}_4 \cdot \overline{Q}_3 \cdot \overline{Q}_2 \cdot Q_1 + \overline{Q}_4 \cdot \overline{Q}_3 \cdot Q_2 \cdot \overline{Q}_1 + \overline{Q}_4 \cdot Q_3 \cdot \overline{Q}_2 \cdot \overline{Q}_1 + \overline{Q}_4 \cdot Q_3 \cdot Q_2 \cdot \overline{Q}_1 \quad \cdots\cdots \quad (4\text{-}9)$$

$$Q_1' = \overline{Q}_4 \cdot \overline{Q}_3 \cdot \overline{Q}_2 \cdot \overline{Q}_1 + \overline{Q}_4 \cdot \overline{Q}_3 \cdot Q_2 \cdot \overline{Q}_1 + \overline{Q}_4 \cdot Q_3 \cdot \overline{Q}_2 \cdot \overline{Q}_1 + \overline{Q}_4 \cdot Q_3 \cdot Q_2 \cdot \overline{Q}_1 + Q_4 \cdot \overline{Q}_3 \cdot \overline{Q}_2 \cdot \overline{Q}_1 \quad \cdots\cdots \quad (4\text{-}10)$$

・(4-7)〜(4-10)式からカルノー図を作成して, 組み合わせ回路を簡単化する.

・**図 4.34** に出力 Q_4', Q_3', Q_2', Q_1'に対するカルノー図を示す. 表 4.10 から明らかなように入力は 0(0000) から 9(1001) までの 10 個であり, 10(1010) から 15(1111) までは入力されない. 従って, 2.2 節(3)の 2)で述べた禁止項を用いた簡単化が可能となる. 1010〜1111 には禁止項の出力が入る. 図 4.34 で禁止項の出力は # 記号で表されている. # 記号も 1 と考えてよいので, 隣り合う 1 をひとまとめにして論理を簡単化する.

・Q_4'では, 図 4.34(a)に示すように破線で囲まれたところで普通は簡単化できるが, 今の場合この簡単化を行うと, Q_4が消えてしまうので不適である. 従って, Q_4'のカルノー図での簡単化は 1 か所で, 以下の式を得る.

$$Q_4' = Q_4 \cdot \overline{Q}_1 + \overline{Q}_4 \cdot Q_3 \cdot Q_2 \cdot Q_1 \quad \cdots\cdots④$$

・Q_3'の簡単化は図 4.34(b)に示すように 3 か所である. Q_3でまとめた後, ド・モルガンの定理を適用する.

$$Q_3' = Q_3 \cdot \overline{Q}_2 + Q_3 \cdot \overline{Q}_1 + \overline{Q}_3 \cdot Q_2 \cdot Q_1$$
$$= Q_3 \cdot (\overline{Q}_2 + \overline{Q}_1) + \overline{Q}_3 \cdot Q_2 \cdot Q_1 \quad (Q_3 \text{で括り出し})$$
$$= Q_3 \cdot (\overline{Q_2 \cdot Q_1}) + \overline{Q}_3 \cdot Q_2 \cdot Q_1 \quad \cdots\cdots⑤$$
$$(\text{ド・モルガンの定理}:\overline{Q}_2 + \overline{Q}_1 = (\overline{Q_2 \cdot Q_1}))$$

・Q_2'の簡単化は図 4.34(c)に示すように 2 か所である.

$$Q_2' = Q_2 \cdot \overline{Q}_1 + \overline{Q}_2 \cdot \overline{Q}_4 \cdot Q_1 \quad \cdots\cdots⑥$$

・Q_1'の簡単化は図 4.34(d)に示すように 1 か所である.

$$Q_1' = \overline{Q}_1 \quad \cdots\cdots⑦$$

以上が, 10 進カウンタを構成するための次状態と現状態の関係式 (10 進カウンタの条件) である.

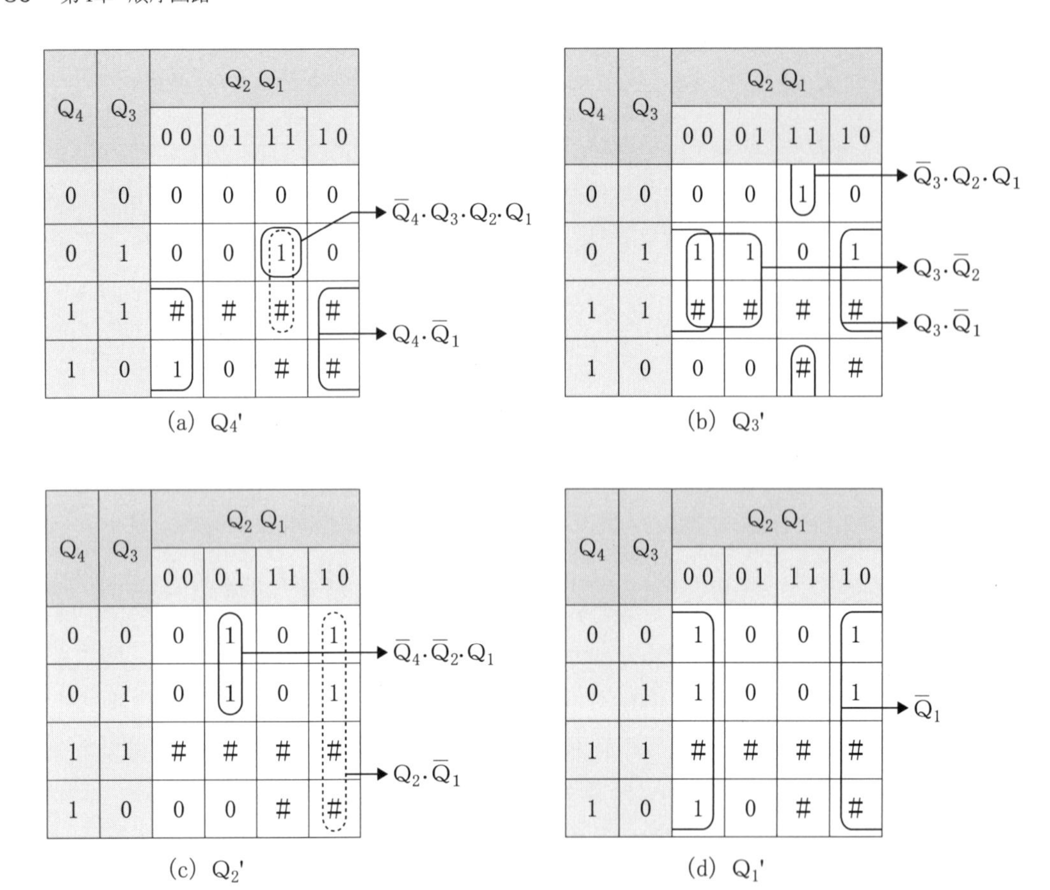

図 4.34 Q_4', Q_3', Q_2', Q_1'のカルノー図

・JK-FF の条件は特性方程式であり，前項 1)の Q_1', Q_2', Q_3' に加えて Q_4' の特性方程式を追加する．

$$Q_4' = \overline{K}_4 \cdot Q_4 + J_4 \cdot \overline{Q}_4 \quad \cdots\cdots ④'$$
$$Q_3' = \overline{K}_3 \cdot Q_3 + J_3 \cdot \overline{Q}_3 \quad \cdots\cdots ⑤'$$
$$Q_2' = \overline{K}_2 \cdot Q_2 + J_2 \cdot \overline{Q}_2 \quad \cdots\cdots ⑥'$$
$$Q_1' = \overline{K}_1 \cdot Q_1 + J_1 \cdot \overline{Q}_1 \quad \cdots\cdots ⑦'$$

・同期式 10 進カウンタを設計するために，10 進カウンタ条件④〜⑦と，JK-FF 条件④'〜⑦'をそれぞれ比較し，J や K の入力を求める．

・④＝④'より Q_4 の係数を比較すると，$\overline{K}_4 = \overline{Q}_1$ となるので，$K_4 = Q_1$ が得られる．次に $\overline{Q}_4$ の係数を比較すると，$J_4 = Q_3 \cdot Q_2 \cdot Q_1$ となる．

・⑤＝⑤'より Q_3 の係数を比較すると，$\overline{K}_3 = (\overline{Q_2 \cdot Q_1})$ となるので，$K_3 = Q_2 \cdot Q_1$ が得られる．次に $\overline{Q}_3$ の係数を比較すると，$J_3 = Q_2 \cdot Q_1$ が得られる．ゆえに $J_3 = K_3 = Q_2 \cdot Q_1$ となる．

・⑥＝⑥'より Q_2 の係数を比較すると，$\overline{K}_2 = \overline{Q}_1$ となるので，$K_2 = Q_1$ が得られる．次に $\overline{Q}_2$ の係数を比較すると，$J_2 = \overline{Q}_4 \cdot Q_1$ が得られる．

・⑦＝⑦'より Q_1 の係数を比較すると $\overline{K}_1 = 0$ となるので，$K_1 = 1$ が得られ，$\overline{Q}_1$ の係数を比較すると $J_1 = 1$ が得られる．ゆえに $J_1 = K_1 = 1$ となる．

・以上のことから得られる EG-JK-FF による同期式 10 進カウンタの回路図を**図 4.35** に示す．

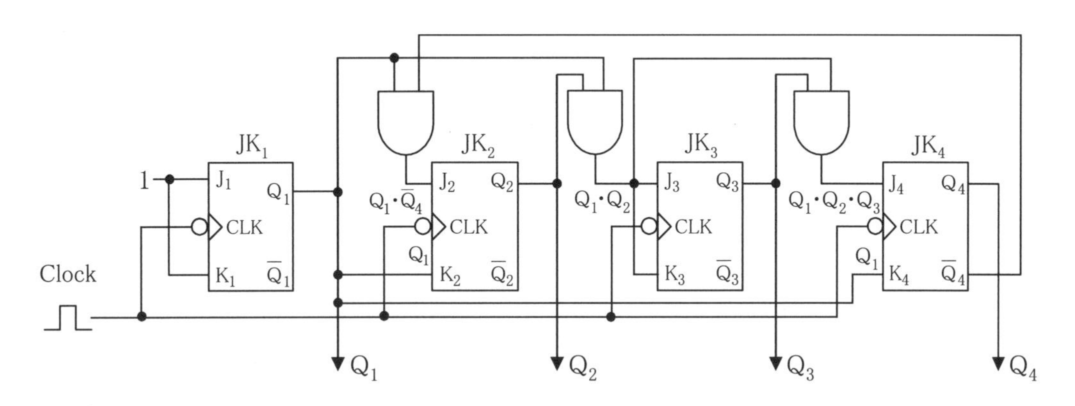

図 4.35　EG-JK-FF による同期式 10 進カウンタ回路図

・**図 4.36** に，図 4.35 の回路による同期式 10 進カウンタのタイミング図を示す．

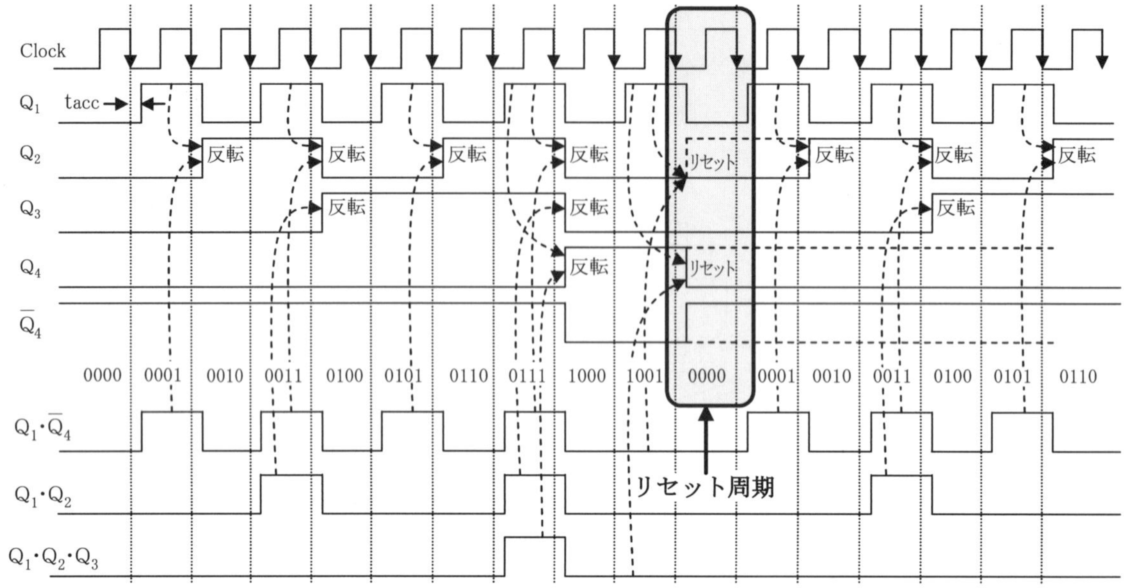

図 4.36　同期式 10 進カウンタのタイミング図

・Clock が入力される CLK から JK-FF 出力 Q までの遅延は，Clock が全ての JK-FF の CLK 端子に直接入力されているので，非同期式のように後段で蓄積されることはなく全て同じ tacc である（簡単のため 1 か所に示してある）．

・図 4.36 では Q_1〜Q_4 の出力だけでなく，JK-FF の入力となる信号波形も示されている．

・Q_1 の反転は図 4.35 にあるように $J_1 = K_1 = 1$ であるので，Clock が↓で起こる．

・Q_2 の反転は，$J_2 = Q_1 \cdot \overline{Q_4}$ と $K_2 = Q_1$ がともに 1 の状態で Clock が↓になったときに起こるが，図 4.36 の Q_1 と $Q_1 \cdot \overline{Q_4}$ の波形をみると，これらが Q_2 の反転前にともに 1 になっていることがわかる．

・Q_3 の反転は，$J_3 = K_3 = Q_1 \cdot Q_2$ が 1 の状態で Clock が↓になったときに起こるが，図 4.36 の $Q_1 \cdot Q_2$ の波形をみると，これが Q_3 の反転前に 1 になっていることがわかる．

・Q_4 の反転は $J_4 = Q_1 \cdot Q_2 \cdot Q_3$ と $K_4 = Q_1$ が 1 であり Clock が↓になったときに起こるが，図 4.36 の $Q_1 \cdot Q_2 \cdot Q_3$ と Q_1 の波形をみると，これらが Q_4 の反転前に 1 になっていることがわかる．

・最後に，4.2 節(1)の 3)で述べた非同期式 10 進カウンタの問題が同期式になって解決されているかどうかみてみる．非同期式の問題は，出力 (Q_4,Q_3,Q_2,Q_1)

が（0,0,0,0）になるリセット周期内で一時的に（1,0,1,0）が出現することであった.

・JK-FFのQ出力を0にするには，表4.7に示すようにJ＝0, K＝1を与えJK-FFをリセット状態（$Q=0$, $\overline{Q}=1$）にする必要がある．図4.36でカウント1001でJK_4とJK_2のJ，K入力をみると，$J_4=Q_1 \cdot Q_2 \cdot Q_3=0$，$K_4=Q_1=1$であり，$J_2=Q_1 \cdot \overline{Q_4}=0$，$K_2=Q_1=1$なので$Q_4$も$Q_2$もリセットされ，0になることがわかる．従って同期式10進カウンタでは，不要なパルスを発生させることなく$(Q_4,Q_3,Q_2,Q_1)=(1,0,0,1)$の次は（0,0,0,0）になる.

・このように図4.29(b)の非同期式10進カウンタでみたような，リセットするための不要な波形が出現するという問題は，図4.35に示す同期式10進カウンタでは解決されている.

練習 4.4 下表は6進カウンタの状態遷移表である．↓EG-JK-FFを用いて同期式6進カウンタを設計せよ.

現状態			次状態		
Q_3	Q_2	Q_1	Q_3'	Q_2'	Q_1'
0	0	0	0	0	1
0	0	1	0	1	0
0	1	0	0	1	1
0	1	1	1	0	0
1	0	0	1	0	1
1	0	1	0	0	0

4.3 レジスタ

レジスタ

・複数ビットのデータや制御信号を一時的に記憶する装置を**レジスタ**という.

並列入力・並列出力レジスタ

（1）並列入力・並列出力レジスタ

・**図4.37**に，図4.23で述べたRESET付エッジトリガDフリップ・フロップ（以下EG-D-FF）を用いた4ビット並列入力・並列出力レジスタを示す．4ビットのデータDI[3]〜DI[0]がそれぞれのEG-D-FFのD端子に入力され，Qから4ビットデータDO[3]〜DO[0]が出力される．CLKとRESETはそれぞれ4ビット共通である.

・**図 4.38** にレジスタのタイミング図を示す．Reset が 0 になると出力データ DO が 0 になる．Reset を 1 にした後，入力に与えられた 4 ビットの Data-A は，Clock の↓時に EG-D-FF に取り込まれ出力される．以降 Clock が↓になるたびにデータが取り込まれ，出力される．

・回路動作には必ず遅延があるが，図 4.38 には EG-D-FF の RESET や CLK から Q 出力までの遅延も表現されている．

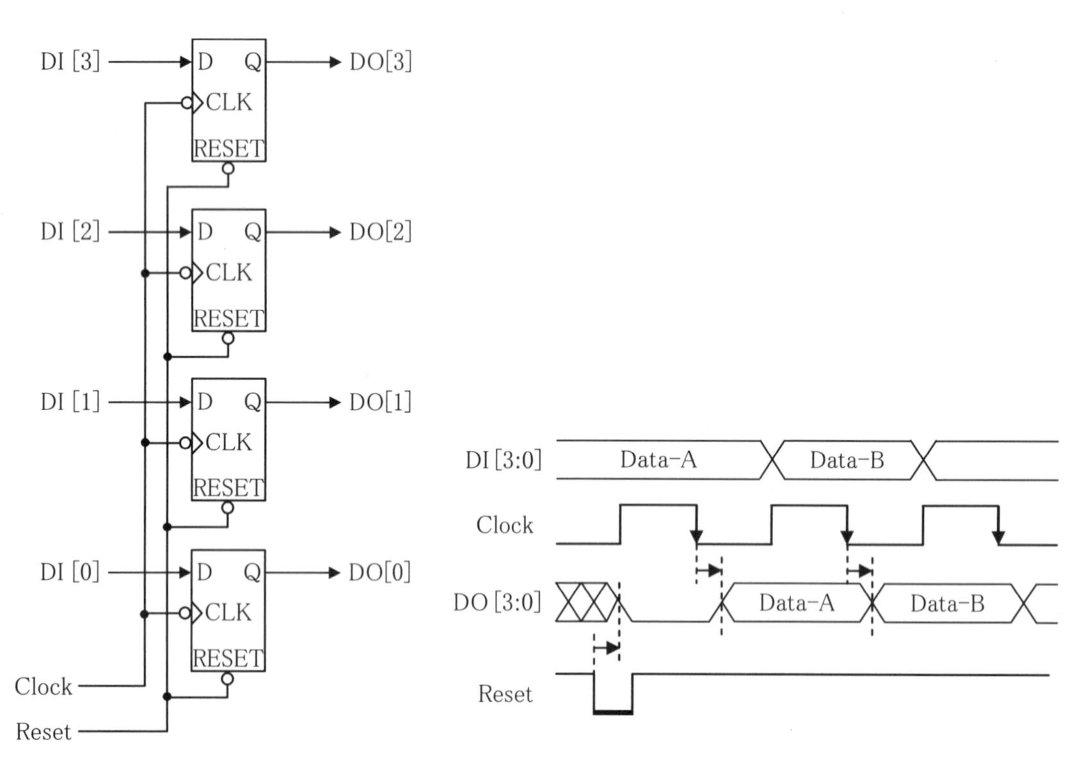

図 4.37　4 ビットレジスタ回路図

図 4.38　レジスタタイミング図

直列入力形シフトレジスタ

（2）直列入力形シフトレジスタ

・クロックパルスに同期してデータを 1 つずつ順次隣のレジスタに移動させる機能をもつものである．

・**図 4.39** に EG-D-FF を用いた直列入力形シフトレジスタの回路図を示す．図において D-FF_1 の D に入力された Data が Clock によって D-FF_1 に取り込まれ，その出力を D-FF_2 の D が受けて Clock により D-FF_2 に取り込まれる．このようにしてデータが順次送られていく．

・**図 4.40** に直列入力形シフトレジスタのタイミング図を示す．図では Reset が

0になることにより各D-FFが0にリセットされた後，Dataに 10110000 が順に入力され，Clockにより取り込まれていく様子を示している．また，CLKやRESETから出力Qへの遅延も表現されている．なお，Clockの1番目から4番目までは①～④の番号が与えられている．

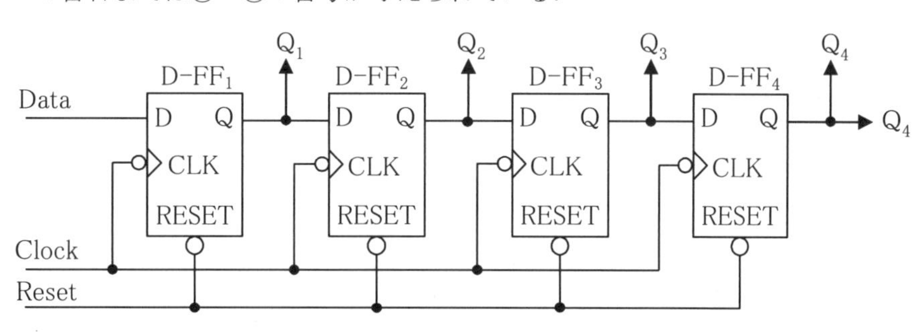

図 4.39　直列入力形シフトレジスタ回路図

- わかりやすくするために，$D\text{-}FF_1$～$D\text{-}FF_4$の各々の入力と出力を明記してある．
- $D\text{-}FF_1$のD入力はDataであり，Q出力はQ_1である．$D\text{-}FF_1$は，Clockの①で1を，②で0を，③で1を，④で1を取り込む．取り込まれたデータは，CLKからQ_1出力までの遅延時間を経てQ_1に出力される．

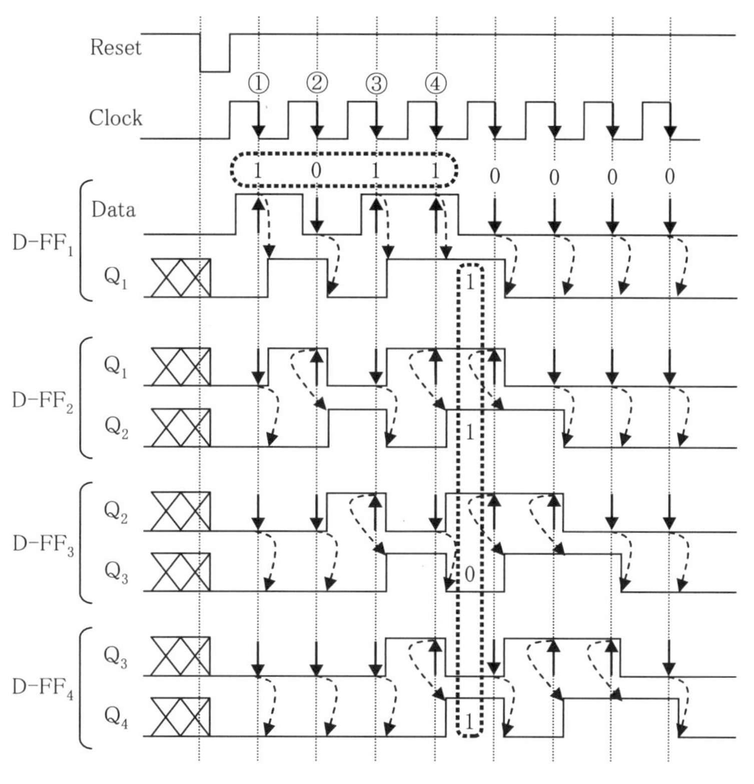

図 4.40　直列入力形シフトレジスタタイミング図

・D-FF$_2$のD入力はQ_1であり，Q出力はQ_2である．D-FF$_2$は，Clockの①で0を，②で1を，③で0を，④で1を取り込む．取り込まれたデータは，遅延時間を経てQ_2に出力される．

・D-FF$_3$のD入力はQ_2であり，Q出力はQ_3である．D-FF$_3$は，Clockの①で0を，②で0を，③で1を，④で0を取り込む．取り込まれたデータは，遅延時間を経てQ_3に出力される．

・D-FF$_4$のD入力はQ_3であり，Q出力はQ_4である．D-FF$_4$は，Clockの①で0を，②で0を，③で0を，④で1を取り込む．取り込まれたデータは，遅延時間を経てQ_4に出力される．

・ここで，図4.40でClockの④が入った後の周期内で縦にみると，$(Q_4,Q_3,Q_2,Q_1)=(1,0,1,1)$となっている．これはDataに直列に入力された最初の4つのデータ　1 0 1 1　と同じである．従って，4個のD-FFから構成された直列入力形シフトレジスタでは，4つの直列データが4個のClockの後に並列データに変換されることがわかる．このように，直列入力形シフトレジスタは直列データを並列データに変換する機能をもっている．

並列入力形シフトレジスタ

（3）並列入力形シフトレジスタ

・並列に入力されたデータを最終段のFFからクロックパルスに同期して，データを1桁ずつ順次取り出す機能をもつものである．

・**図4.41**に，SET/RESET付EG-JK-FFを用いた並列入力形シフトレジスタの回路図を示す．SET/RESET付EG-JK-FFでは，SET/RESETに0が入力されると出力はそれぞれセット状態/リセット状態になる．

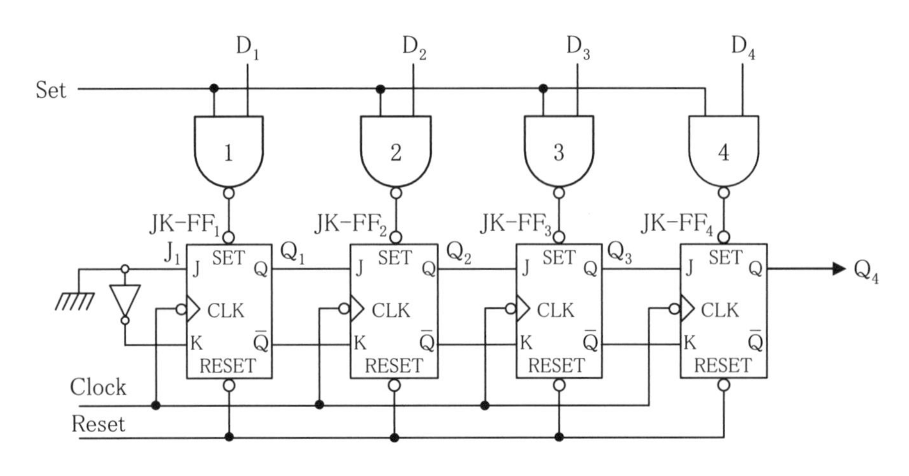

図4.41　並列入力形シフトレジスタ回路図

・図 4.41 において，入力するときセット信号（以下 Set）を 1 にする．D_1〜D_4 は入力データである．例えば D_1 が 1 ならば，$NAND_1$ の出力は 0 となり，$JK\text{-}FF_1$ の SET 入力に 0 が入るので $Q=1$，$\overline{Q}=0$ のセット状態になる．D_2 が 0 ならば，$NAND_2$ の出力は 1 となり，$JK\text{-}FF_2$ の SET 入力に 1 が入るのでセットされず，$JK\text{-}FF_2$ の出力は変わらない．

・$JK\text{-}FF_1$ の入力は，常に $J=0$，$K=1$ である．従って，Clock の↓が入ると $Q=0$，$\overline{Q}=1$ のリセット状態になる．

・**図 4.42** に並列入力形シフトレジスタのタイミング図を示す．図では各 JK-FF の Q 出力が Reset＝↓により 0 にリセットされた後，D_1＝1，D_2＝1，D_3＝0，D_4＝1 が入力される．その後 Set が 1 となり，入力データ D_1〜D_4 が各 EG-JK-FF の SET 端子に与えられる．

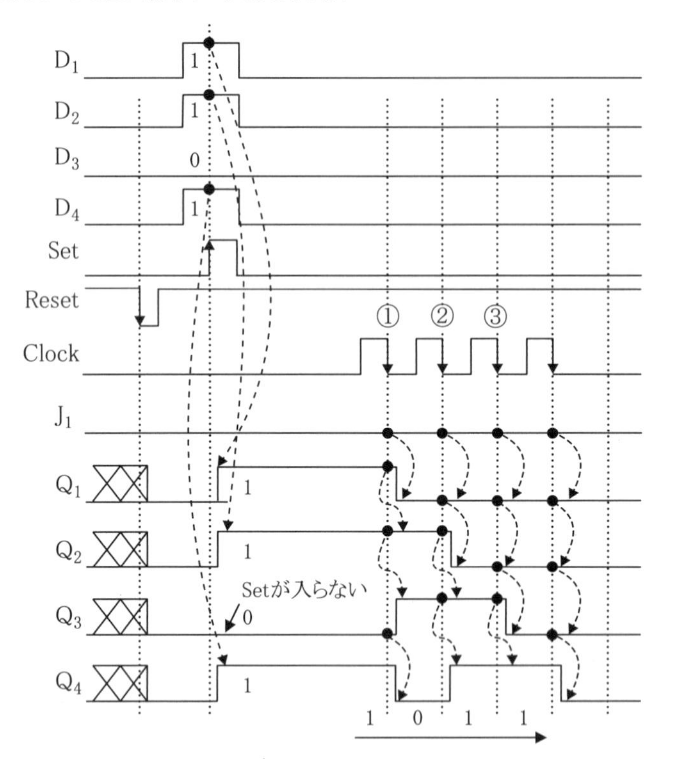

図 4.42　並列入力形シフトレジスタのタイミング図

・D_1，D_2，D_4 は全て 1 であるので，$NAND_1$，$NAND_2$ および $NAND_4$ が 0 を出力し，$JK\text{-}FF_1$，$JK\text{-}FF_2$，$JK\text{-}FF_4$ はセット状態になる．すなわち，Q_1，Q_2，Q_4 は 1 になる．しかし，D_3＝0 であるので，$NAND_3$ は 1 を出力し，$JK\text{-}FF_3$ は最初のリセット状態を維持するため，Q_3 は 0 になる．

・次に Clock が入る．Clock の↓の 1 番目から 3 番目までは①〜③の番号が与えられている．

・Clock の①で J_1＝0 より $JK\text{-}FF_1$ には J＝0，K＝1 が入力されリセット状態になり Q_1＝0 に，$JK\text{-}FF_2$ には $JK\text{-}FF_1$ のセット状態を入力するので J＝1，K＝0 よりセット状態になり Q_2＝1 に，$JK\text{-}FF_3$ は $JK\text{-}FF_2$ のセット状態を入力するので J＝1，K＝0 よりセット状態になり Q_3＝1 に，$JK\text{-}FF_4$ は $JK\text{-}FF_3$ のリセット状態を入力するので J＝0，K＝1 よりリセット状態になり Q_4＝0 になる．

・Clock の②で $J_1=0$ より JK-FF$_1$ には $J=0$，$K=1$ が入力されリセット状態を維持し $Q_1=0$ に，JK-FF$_2$ は JK-FF$_1$ のリセット状態を入力するので $J=0$，$K=1$ よりリセット状態になり $Q_2=0$ に，JK-FF$_3$ は JK-FF$_2$ のセット状態を入力するので $J=1$，$K=0$ よりセット状態になり $Q_3=1$ に，JK-FF$_4$ は JK-FF$_3$ のセット状態を入力するので $J=1$，$K=0$ よりセット状態になり $Q_4=1$ になる．

・Clock の③で $J_1=0$ より JK-FF$_1$ には $J=0$，$K=1$ が入力されリセット状態を維持し $Q_1=0$ に，JK-FF$_2$ は JK-FF$_1$ のリセット状態を入力するので $J=0$，$K=1$ よりリセット状態を維持し $Q_2=0$ に，JK-FF$_3$ は JK-FF$_2$ のリセット状態を入力するので $J=0$，$K=1$ よりリセット状態になり $Q_3=0$ に，JK-FF$_4$ は JK-FF$_3$ のセット状態を入力するので $J=1$，$K=0$ よりセット状態を維持し $Q_4=1$ になる．

・このように Clock が入ると，JK-FF$_1$ から JK-FF$_4$ に向かってセットまたはリセット状態が順に移動していく．JK-FF$_1$ は既に述べたようにリセット状態を出力し続けるので，D_1〜D_4 に入力されたデータが Q_4 から全て出された後，全ての JK-FF はリセット状態になる．

・Q_4 信号に注目すると，Set 入力の後 Clock 信号に同期して，順に 1 1 0 1 が直列に出力されている．これは，Set 入力時に D_1〜D_4 端子に並列に与えたデータが D_4，D_3，D_2，D_1 の順に直列に出力されたことになる．

・このように，並列入力形シフトレジスタは，並列データを直列データに変換する機能をもっている．

4.4 順序回路設計

・本節では，順序回路の設計方法について述べる．

・順序回路は，AND,OR,NOT などの論理ゲートと，フリップ・フロップ（以下 FF）で構成されている．

・ある時刻において，論理ゲートや FF は 1 または 0 の値をもっているが，値を保持しているのは論理ゲートではなく FF である．そこで，ある時刻における FF の値の組を**状態**とよぶ．

状態

・例えば 3 つの FF があり，それらの出力が Q_3,Q_2,Q_1 であるとすると，$(Q_3,Q_2,Q_1)=(0,1,0)$ は 1 つの状態であり，それが $(Q_3,Q_2,Q_1)=(1,1,0)$ に変化するとき状態が遷移するという．

・順序回路では，現在の状態は過去の状態に依存し，未来の状態は現在の状態に依存する．本節では，現在の状態を「現状態」，未来の状態を「次状態」とよぶことにする．

・順序回路にはミーリー型とムーア型の 2 種類がある．

ミーリー型順序回路

・**ミーリー型順序回路**では，出力も次状態も現状態と入力で決まる．

ムーア型順序回路

・**ムーア型順序回路**では，出力は現状態のみで決まり，次状態は現状態と入力から決まる．

・本節では，まずミーリー型順序回路を自動販売機の制御回路を例に取り上げ，最後にムーア型順序回路について簡単に触れる．

（1）自動販売機制御回路の設計

・自動販売機の仕様は以下である．

① 4000 円のワインを販売する．

② 1000 円札と 2000 円札を受け付ける．

③ おつりは 1000 円札である．

・設計する自動販売機制御回路と自動販売機全体の関係を**図 4.43** に示す．

・お札が投入されると，紙幣 → 信号：変換装置が入力信号（X_1, X_0）を生成する．自動販売機制御回路は，入力信号（X_1, X_0）により何を出すかを判断して，出力信号（Y_1, Y_0）を生成する．信号 → 製品：変換装置が出力信号（Y_1, Y_0）に基づいてワインや 1000 円のおつりを出す．

・本項で設計するのは真ん中の自動販売機制御回路である．

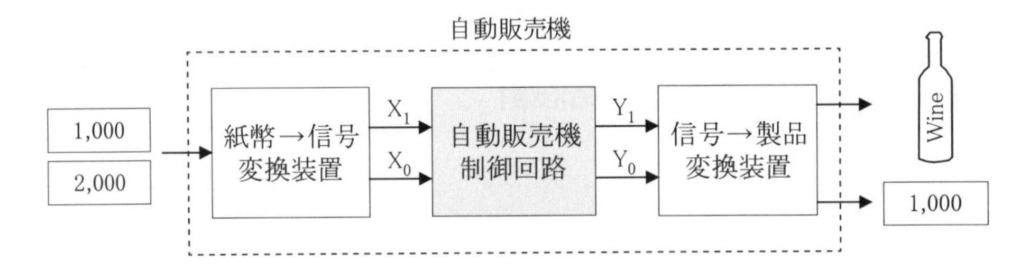

図 4.43　自動販売機制御回路と自動販売機の関係

状態遷移図

1）状態遷移図

・自動販売機制御回路内での状態は，0 円状態（以下 S_0），1000 円が入っている状態（以下 S_1），2000 円が入っている状態（以下 S_2），3000 円が入っている状態（以下 S_3）の 4 つである．

・4000 円が入っている状態は存在しない．なぜなら 4000 円になるや否やワインを出すからである．

・5000 円が入っている状態も存在しない．なぜなら 5000 円になるや否やワインと 1000 円のおつりを出すからである．

・入力は，何も入力しない場合（0 円），1000 円投入した場合，2000 円投入した場合の 3 つである．

・出力は，何も出力しない場合，ワインを出す場合，ワインと 1000 円のおつりを出す場合の 3 つである．

・以上述べた，状態，入力，出力の関係を図示したのが**図 4.44** の**状態遷移図**である．

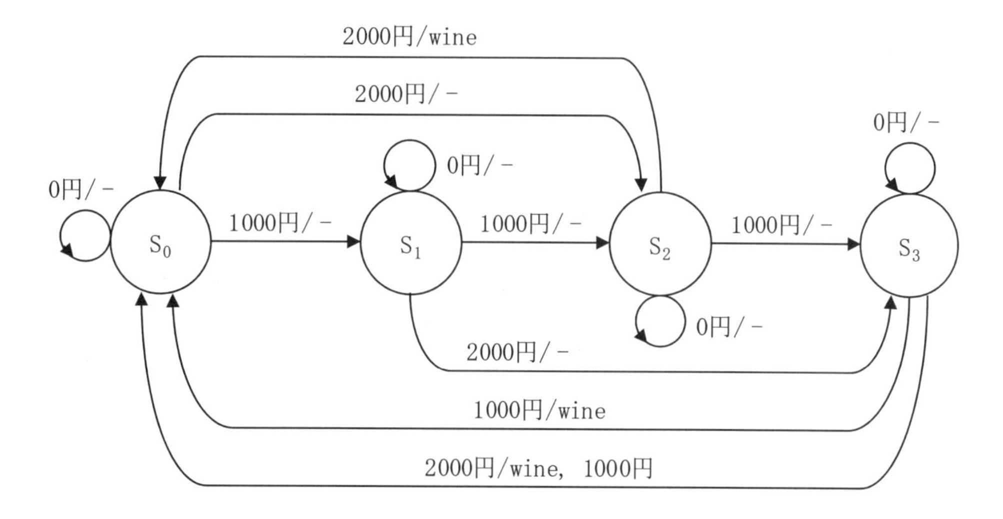

図 4.44　自動販売機制御回路の状態遷移図

・状態遷移図は，各状態に対して，0 円入った場合，1000 円入った場合，2000 円入った場合にどの状態に移るか，そのときに何を出力するかを示している．状態は「○」で，入力と出力は「入力/出力」で表現する．以下では図 4.44 について説明する．

・状態 S_0 に対して，0 円が入った場合，状態は S_0 のままである．1000 円が入った場合，状態は S_1 に遷移し何も出さない．2000 円が入った場合，状態は S_2 に遷移し何も出さない．

・状態 S_1 に対して，0 円が入った場合，状態は S_1 のままである．1000 円が入った場合，状態は S_2 に遷移し何も出さない．2000 円が入った場合，状態は S_3 に遷移し何も出さない．

・状態 S_2 に対して，0 円が入った場合，状態は S_2 のままである．1000 円が入った場合，状態は S_3 に遷移し何も出さない．2000 円が入った場合，4000 円入ったことになるので，ワインを出して S_0 に戻る．

・状態 S_3 に対して，0 円が入った場合，状態は S_3 のままである．1000 円が入った場合，4000 円入ったことになるので，ワインを出して S_0 に戻る．2000 円が入った場合，5000 円入ったことになるので，ワインとおつり 1000 円を出して S_0 に戻る．

状態遷移表

2）状態遷移表

・図 4.44 の状態遷移図を表にした**状態遷移表**を**表 4.11** に示す．

表 4.11　自動販売機制御回路の状態遷移表

現状態	次状態			出力		
	0 円	1000 円	2000 円	0 円	1000 円	2000 円
S_0	S_0	S_1	S_2	—	—	—
S_1	S_1	S_2	S_3	—	—	—
S_2	S_2	S_3	S_0	—	—	W
S_3	S_3	S_0	S_0	—	W	W, 1000

・図 4.44 の 4 つの状態，S_0, S_1, S_2, S_3 は表 4.11 の現状態欄の S_0～S_3 に相当する．

・表 4.11 の次状態欄には，入力が 0 円，1000 円，2000 円の場合，現状態から移行する先の状態が書かれている．例えば，現状態が S_2 のときに 1000 円が入ると 3000 円入ったことになるので，現状態 S_2 と次状態入力 1000 円の交点に S_3 を記入する．

・表 4.11 の出力欄には，入力が 0 円，1000 円，2000 円の場合に何を出力するのかが書かれている．例えば，現状態が S_3 のときに 2000 円が入ると，ワインとおつり 1000 円を出すので，現状態 S_3 と出力欄の 2000 円の交点に W, 1000 を記入する．

・回路を設計するために，状態をフリップ・フロップ（以下 FF）で表す．

・状態は 4 つ（S_0～S_3）あるので，S_0 を 00, S_1 を 01, S_2 を 10, S_3 を 11 と 2 進数で符号化すると，必要な FF は 2 個である．例えば S_2 なら，2 進数の上位桁を担当する FF 出力は 1，下位桁を担当する FF 出力は 0 となる．

・2 つの FF の現状態を Q_1, Q_0 とし，次状態を Q_1'，Q_0' とする．

・入力は 3 つ（0 円，1000 円，2000 円）あるので，0 円を 00, 1000 円を 01, 2000 円を 10 と，2 進数で符号化すると 2 ビット必要である．これを X_1, X_0 とする．

・出力は 3 つ（何も出さない，ワインのみ出す，ワインと 1000 円のおつりを出す）であるので，何も出さない事象を 00，ワインを出す事象を 01，ワインと 1000 円のおつりを出す事象を 10 と，2 進数で符号化すると 2 ビット必要である．これを Y_1, Y_0 とする．

・Q_1, Q_0, Q_1', Q_0', X_1, X_0, Y_1, Y_0 を用いて表 4.11 を 2 進数で符号化すると**表 4.12** を得る．

表 4.12　自動販売機制御回路の符号化された状態遷移表

現状態		次状態						出力					
		$X_1,X_0=0,0$		$X_1,X_0=0,1$		$X_1,X_0=1,0$		$X_1,X_0=0,0$		$X_1,X_0=0,1$		$X_1,X_0=1,0$	
Q_1	Q_0	Q_1'	Q_0'	Q_1'	Q_0'	Q_1'	Q_0'	Y_1	Y_0	Y_1	Y_0	Y_1	Y_0
0	0	0	0	0	1	1	0	0	0	0	0	0	0
0	1	0	1	1	0	1	1	0	0	0	0	0	0
1	0	1	0	1	1	0	0	0	0	0	0	0	1
1	1	1	1	0	0	0	0	0	0	0	1	1	0

・表 4.12 において，現状態（Q_1,Q_0）や次状態（Q_1',Q_0'）が，(0,0) ならば S_0，(0,1) なら S_1, (1,0) なら S_2,（1,1）なら S_3 である．

・入力（X_1,X_0）が，(0,0) ならば 0 円投入，(0,1) なら 1000 円投入, (1,0) なら 2000 円投入である．

・出力（Y_1,Y_0）が，(0,0) ならば出力なし，(0,1) ならワイン出力, (1,0) ならワインとおつり 1000 円出力である．

カルノー図

3）カルノー図と論理式の導出

・状態遷移表を元に次状態（Q_1',Q_0'），出力（Y_1,Y_0）のそれぞれについて作成した**カルノー図**を**図 4.45** に示す．

・入力は Q_1, Q_0, X_1, X_0 である．

・$X_1=X_0=1$ の入力はあり得ないので，そのときの出力を禁止項出力 # とする．

・図 4.45 において，隣り合う 1 や # を一括りにして簡単化する．

・図 4.45 のカルノー図より Q_1', Q_0', Y_1, Y_0 の論理式は以下となる．

$$Y_1 = X_1 \cdot Q_1 \cdot Q_0 \quad \cdots\cdots (4\text{-}11)$$

$$Y_0 = X_0 \cdot Q_1 \cdot Q_0 + X_1 \cdot Q_1 \cdot \overline{Q}_0 \quad \cdots\cdots (4\text{-}12)$$

$$Q_1' = \overline{X}_1 \cdot \overline{X}_0 \cdot Q_1 + \overline{X}_1 \cdot Q_1 \cdot \overline{Q}_0 + X_0 \cdot \overline{Q}_1 \cdot Q_0 + X_1 \cdot \overline{Q}_1 \quad \cdots\cdots (4\text{-}13)$$

$$Q_0' = \overline{X}_1 \cdot \overline{X}_0 \cdot Q_0 + X_0 \cdot \overline{Q}_0 + \overline{X}_0 \cdot \overline{Q}_1 \cdot Q_0 \quad \cdots\cdots (4\text{-}14)$$

Q_1	Q_0	X_1X_0 00	01	11	10
0	0			#	
0	1			#	
1	1			#	1
1	0			#	

$X_1 \cdot Q_1 \cdot Q_0$

(a) Y_1 のカルノー図

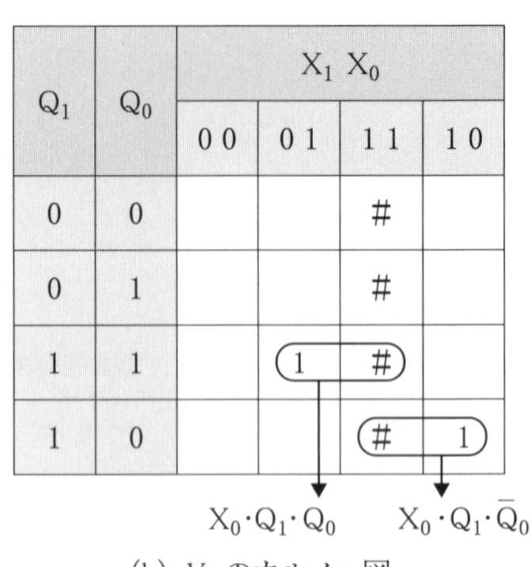

(b) Y_0 のカルノー図

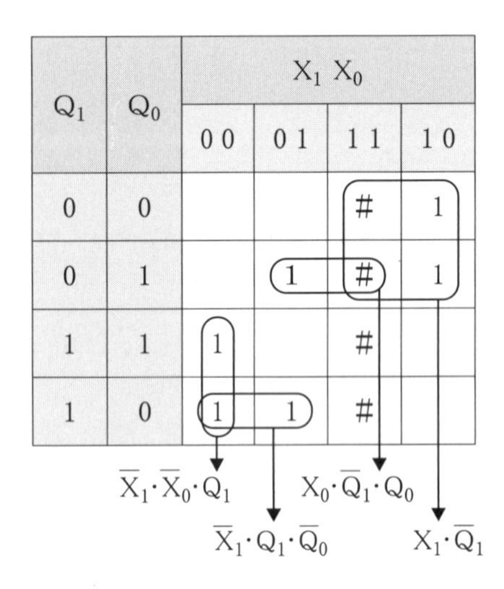

(c) Q_1' のカルノー図

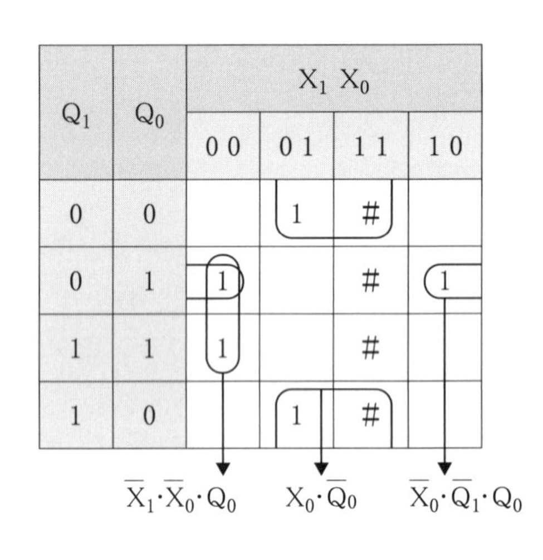

(d) Q_0' のカルノー図

図 4.45　自動販売機制御回路のカルノー図

- (4-11)式～(4-14)式から回路図を作成すると**図 4.46** を得る．(4-11)式と(4-12)式は出力を与える出力関数であり，(4-13)と(4-14)式は次状態を与える状態遷移関数である．
- 状態を表す FF には D-FF を使用した．
- D-FF の特性方程式は，(4-3)式に示すように次状態 Q'＝D であるので，次状態 Q'を D-FF の D 入力に与えればよい．従って図 4.46 に示すように，DFF_1 の D_1 入力に次状態 Q_1'を，DFF_0 の D_0 入力に次状態 Q_0'をそれぞれ与える．
- 同様に現入力（X_1,X_0）の次入力を（X_1',X_0'）とすると，次入力を D-FF の D 入力に与えればよい．図 4.46 に示す $DFFX_1$ の DX_1 入力に次入力 X_1'を，$DFFX_0$

の DX_0 入力に次入力 X_0'をそれぞれ与える．これより入力と次状態を同期させることができる．

・なお各 D-FF の RESET 端子配線は省略してある．

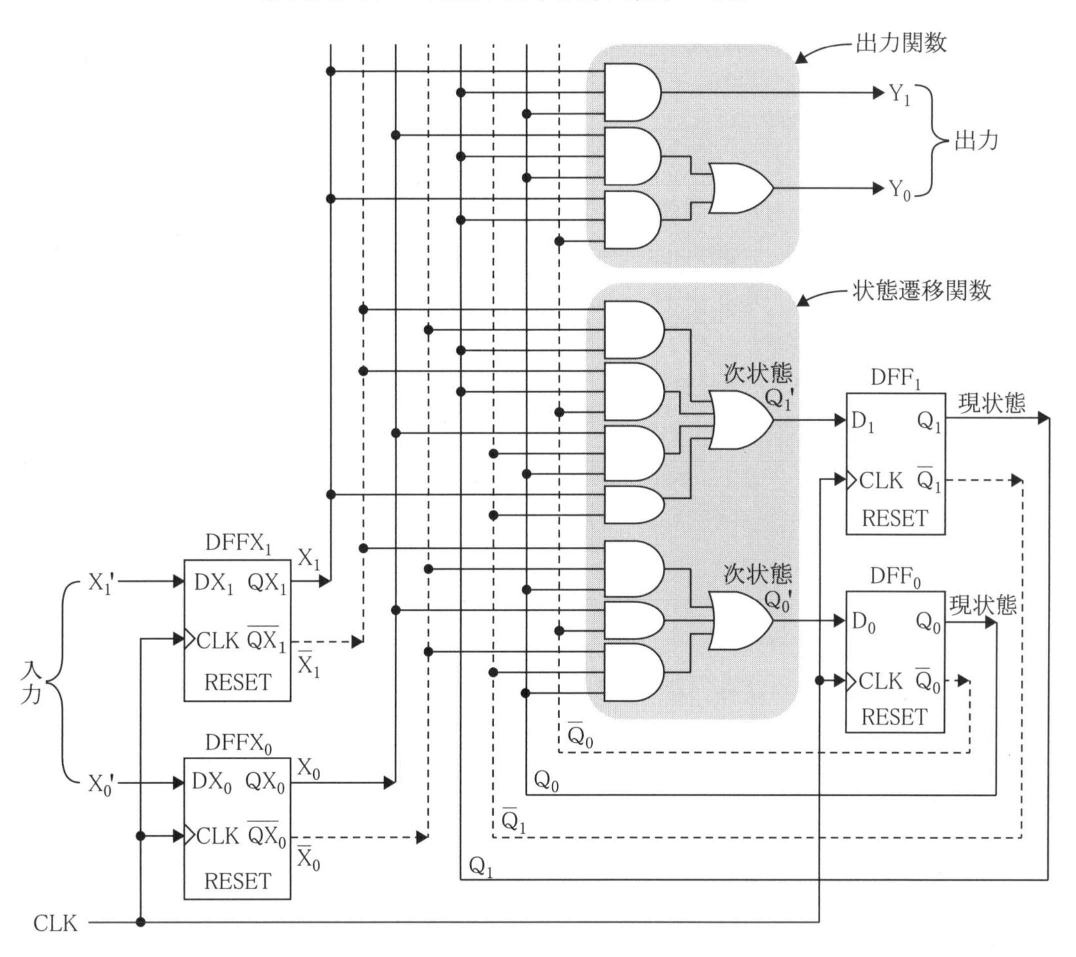

図 4.46　自動販売機制御回路図

・回路動作について説明する．

・最初に RESET をかける．これにより 4 つの FF 全てが 0 になり $(X_1,X_0)=(0,0)$ より何も入力されておらず，$(Q_1,Q_0)=(0,0)$ より自動販売機内は 0 円状態になる．このとき出力 (Y_1,Y_0) と，次状態 (Q_1',Q_0') も 0 となるので何も出力せず，次状態も 0 円状態となる．

・次に 2000 円を投入すると，次入力 $(X_1',X_0')=(1,0)$ が D-FF で待機する．CLK が入ると次状態（0 円状態）が現状態となって $(Q_1,Q_0)=(0,0)$，入力 $(X_1,X_0)=(1,0)$ となる．(4-11)～(4-14)式より次状態 $(Q_1',Q_0')=(1,0)$，出力 $(Y_1,Y_0)=(0,0)$ となり，何も出力せず，次状態は S_2 となり D-FF で待機する．

・次に 2000 円を投入すると，次入力 $(X_1',X_0')=(1,0)$ が D-FF で待機する．CLK が入ると次状態（2000 円状態）が現状態となって $(Q_1,Q_0)=(1,0)$，入力 $(X_1,X_0)=(1,0)$ となる．(4-11)～(4-14)式より次状態 $(Q_1',Q_0')=(0,0)$，出力 $(Y_1,Y_0)=(0,1)$ となり，ワインを出力し，次状態は S_0 となり D-FF で待機する．

・図 4.46 の回路では，入力および現状態がともに出力関数や状態遷移関数に与えられている．このような回路形式を**ミーリー型順序回路**という．

ミーリー型順序回路

4）ミーリー型順序回路

・ミーリー型順序回路の一般的な回路構造を**図 4.47** に示す．

・図では，入力，出力，現状態，次状態を全て 2 ビットと仮定している．

・図において，入力 (X_1,X_0) と現状態 (Q_1,Q_0) が与えられると，出力関数により出力 (Y_1,Y_0) が決まり，状態遷移関数により次状態 (Q_1',Q_0') が決まる．そのうち次状態は記憶回路の入口で待機し，CLK が入るのを待つ．

・CLK が入ると，次状態が記憶されて現状態となりホールドされ，そのときの入力とともに出力関数と状態遷移関数に入力され，出力と次状態が決まる．

・CLK が入るたびに上記が繰り返される．

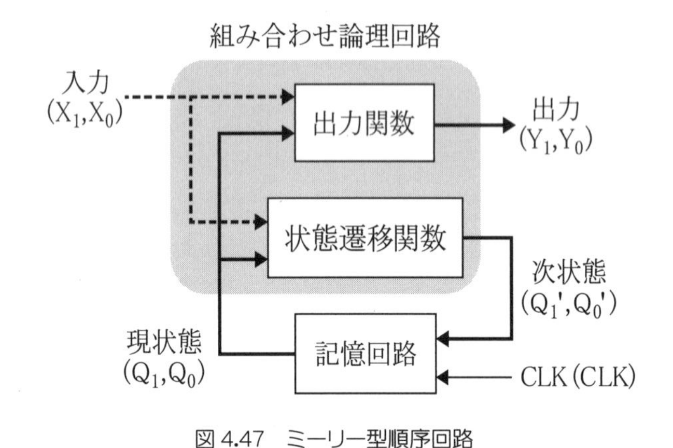

図 4.47　ミーリー型順序回路

・**図 4.48** は，ミーリー型順序回路の状態遷移図である．

・図 4.48(a)は，入力 (X_1,X_0) によって状態が遷移する場合の表現で，CLK が入力されると現状態 (Q_1,Q_0) と入力により，次状態 (Q_1',Q_0') に遷移するとともに (Y_1,Y_0) を出力する．

・図 4.48(b)は，入力 (X_1,X_0) によって状態が遷移しない場合の表現で，入力 (X_1,X_0) が与えられてから CLK が入力されると，状態は変わらず，(Y_1,Y_0) を出力する．

・なお状態遷移図に CLK は表示されない．

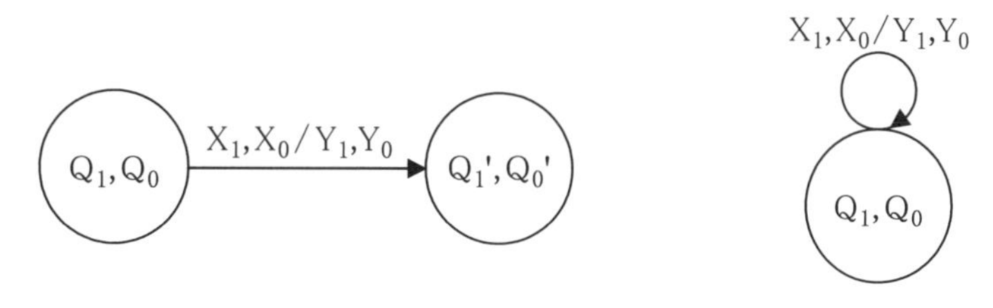

(a) 状態(Q_1,Q_0)から状態(Q_1',Q_0')への遷移　(b) 同じ状態を維持

図 4.48　ミーリー型順序回路の状態遷移図

ムーア型順序回路

(2) ムーア型順序回路

・入力が出力関数には入力されず，状態遷移関数にのみ入力される順序回路をムーア型という．**ムーア型順序回路**の回路構造を**図 4.49** に示す．

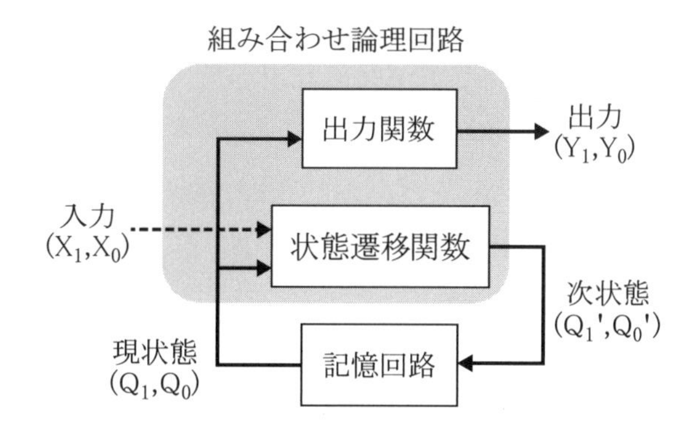

図 4.49　ムーア型順序回路

・図では，入力，出力，現状態，次状態を全て 2 ビットと仮定している．

・図において，入力（X_1,X_0）と現状態（Q_1,Q_0）が与えられると，状態遷移関数により次状態（Q_1',Q_0'）が決まる．出力（Y_1,Y_0）は出力関数に与えられた現状態（Q_1,Q_0）により決まる．そのうち次状態は記憶回路の入口で待機し，CLK が入るのを待つ．

・CLK が入ると，次状態が記憶されて現状態となりホールドされ，そのときの入力とともに状態遷移関数に入力され，次状態が決まる．出力は更新された現状態に依存して決まる．

・CLK が入るたびに上記が繰り返される．

・以上からわかるように，ムーア型順序回路において，入力が出力に反映されるのは，入力を与えた周期ではなく，CLK が入った次の周期である．

・**図 4.50** は，ムーア型順序回路の状態遷移図である．

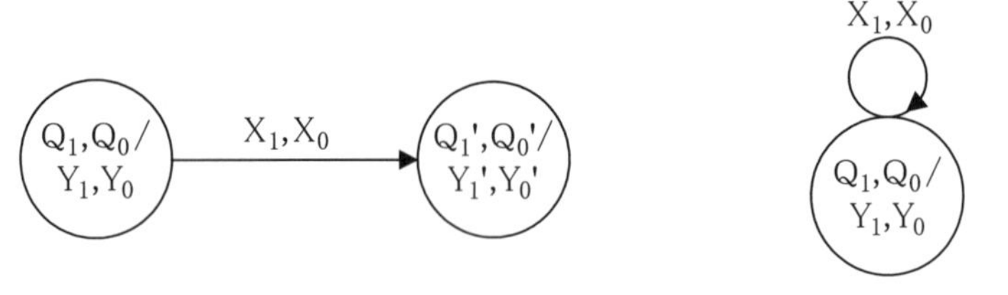

(a) 状態(Q_1,Q_0)から状態(Q_1',Q_0')への遷移　　(b) 同じ状態を維持

図 4.50　ムーア型順序回路の状態遷移図

・図 4.50(a)は，入力（X_1,X_0）によって状態が遷移する場合の表現で，CLK が入力されると現状態（Q_1,Q_0）と入力により次状態（Q_1',Q_0'）に遷移する．出力（Y_1,Y_0）は，入力に無関係に現状態によって決まることを表している．次の CLK が入ると（Q_1',Q_0'）が現状態となり，（Y_1',Y_0'）を出力する．

・図 4.50(b)は，入力（X_1,X_0）によって状態が遷移しない場合の表現で，状態も変わらず，従って出力（Y_1,Y_0）も変わらない．

・なお状態遷移図に CLK は表示されていない．

第5章　ディジタル回路

・ディジタル回路は論理回路の 1 を高電圧（以下 H）に，0 を低電圧（以下 L）に対応させた回路で，既に述べた 3 章の組み合わせ論理回路や 4 章の順序回路の機能を実際に実現する回路である．従って，今までは 1 と 0 による論理の世界であったが，本章からは H と L による電圧の世界に移る．ちなみに論理回路を現実の回路に落とすことを**実装する**という．

実装する

・ディジタル回路には**表 5.1** に示す種類がある．表において，MOS 系とは MOS トランジスタを使ったもの，バイポーラ系とはバイポーラ・トランジスタを使ったものである．

表 5.1　ディジタル回路の回路形式

MOS 系	バイポーラ系
NMOS 回路	DTL 回路
PMOS 回路	TTL 回路
CMOS 回路	ECL 回路

・しかし，半導体技術の進歩とともに淘汰され，現在は消費電力が少なくかつ高速である CMOS 回路だけが生き残っているといって過言ではない．そこで，本書では CMOS 方式で実装したディジタル回路について述べる．

CMOS

・CMOS 回路では，2 種類の MOS トランジスタ（以下 MOS）を使う．1 つは n チャネル MOS トランジスタ（以下 nMOS，図 5.2 参照），もう 1 つは p チャネル MOS トランジスタ（以下 pMOS，図 5.4 参照）である．後で述べるように pMOS と nMOS は互いに正反対の性質をもち，補足的な関係にあることから，両方を用いる回路を Complementary MOS といい，略して CMOS とよばれる．

・**図 5.1** に示すように，CMOS 回路は電圧が最も高い電源（VDD）と，最も低い接地電圧（GND）との間で，nMOS の上に pMOS を縦に積んだ構成になっている．ディジタル信号の H は VDD, L は GND である．

・入力は pMOS と nMOS の両方に入力され，出力は pMOS と nMOS の間から取り出される．

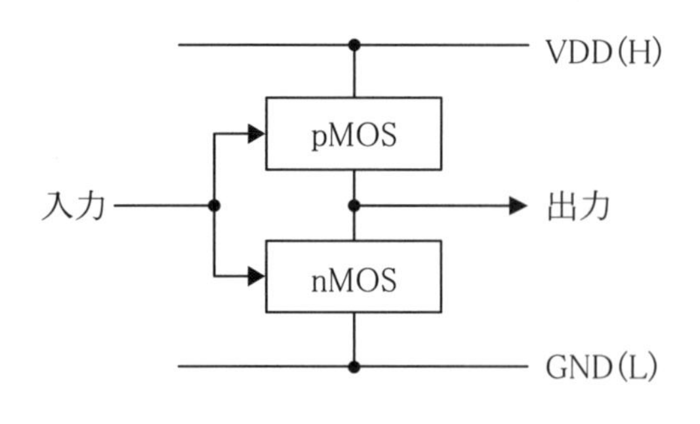

図 5.1　CMOS 回路の構成

5.1 MOS トランジスタ

nMOS

（1）nMOS

- nMOS は**図 5.2**(a)に示すように 4 つの端子（ドレイン，ゲート，ソース，基板）をもった 4 端子回路であり，基板端子の電圧は L (0V) に固定される．
- nMOS では基板の電圧を常に L に固定し変動させることはないので，図 5.2(b)のように基板端子を省略したシンボルが用いられることが多い．そこで本書でも(b)のシンボルを用いる．

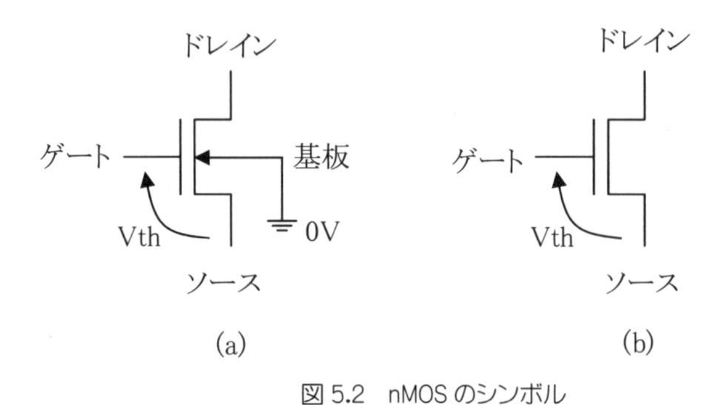

図 5.2　nMOS のシンボル

- シンボルからわかるように，ドレインとソースに構造的な違いはない．回路に組み込んだとき電圧の高い方がドレインになり，電圧が低い方がソースとなる．
- ディジタル回路では，ドレイン－ソース間を導通状態（以下 ON）または遮断状態（以下 OFF）にする．

・nMOS のドレイン－ソース間を ON にするためには，ゲート電圧をソース電圧よりも一定の電圧（以下 Vth）以上高くしなければならない．
・ゲート電圧とソース電圧の差が Vth より小さくなると，ドレイン－ソース間は OFF となる．
・Vth は，threshold（閾値:しきい値）電圧のことで，H（VDD）よりはずっと小さな値である．
・**図 5.3** に nMOS の動作を示す．図 5.3(a)はゲートに H，ソースに L を与えてソースから電流を引き抜く場合，図 5.3(b)はゲートおよびドレインに H を与えドレインから電流を注入する場合，図 5.3(c)はゲートおよびソースに L を与えた場合である．

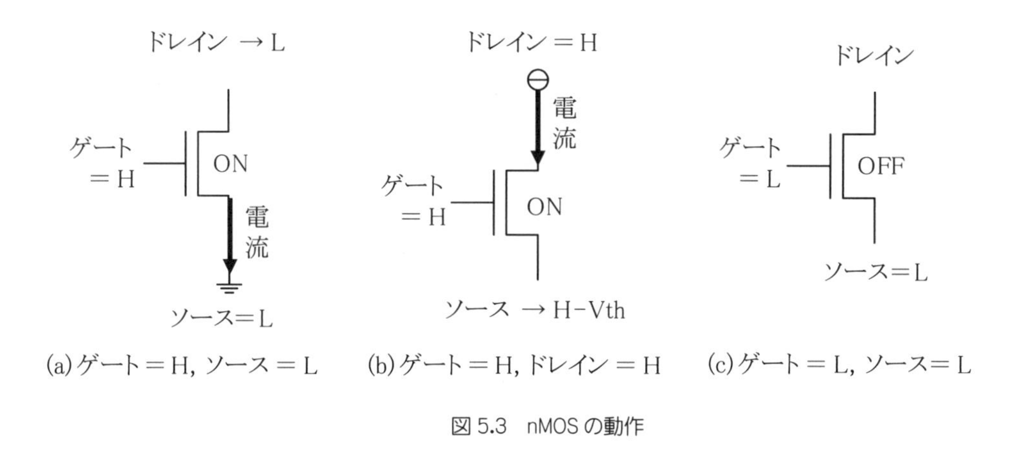

図 5.3　nMOS の動作

・図 5.3(a)の場合，ゲート電圧が H (VDD)，ソース電圧は L (0V) なので，

ゲート電圧(H) － ソース電圧(L)＝VDD ＞ Vth

よりドレイン－ソース間が ON になり，ドレインの電圧はソース電圧と同じ L になる．
・図 5.3(b)の場合を説明する．ドレイン電圧とゲート電圧を H に固定してソース電圧を L から上げていくとする．最初，ソース電圧が L のときは，

ゲート電圧(H) － ソース電圧(L)＝VDD ＞ Vth

よりドレイン－ソース間は強く ON する．ソース電圧を L から上げていき

ゲート電圧(H) － ソース電圧(H－Vth)＝Vth

が満たされたときドレイン－ソース間は OFF 寸前になり，これ以上ソース電圧を上げるとドレイン－ソース間は OFF となる．従ってソース電圧＝H

−Vth となり，ドレインの H より Vth だけ下がる．

（厳密には基板バイアス効果により，図 5.3(a)の場合の Vth より図 5.3(b)の場合の Vth の方が大きいので，ソース電圧の H からの降下は無視できない）

・図 5.3(a)と図 5.3(b)より，ON 状態で nMOS では L はそのまま伝達されるが，H は Vth だけ下がって伝達されるので，nMOS は L 伝達に使われる．

・図 5.3(c)は nMOS ゲートに L (0V) を与えた場合で，L は回路中で最低電圧なので，

ゲート電圧 (L) − ソース電圧 (L) = 0 < Vth

よりドレイン−ソース間は OFF となる．

pMOS

（2）pMOS

・pMOS は**図 5.4**(a)に示すように 4 つの端子（ドレイン，ゲート，ソース，基板）をもった 4 端子回路であり，基板端子の電圧は H (VDD) に固定される．

・pMOS では基板の電圧を常に H に固定し，変動させることはないので，図 5.4(b)のように基板端子を省略したシンボルが用いられることが多い．そこで本書でも(b)のシンボルを用いる．

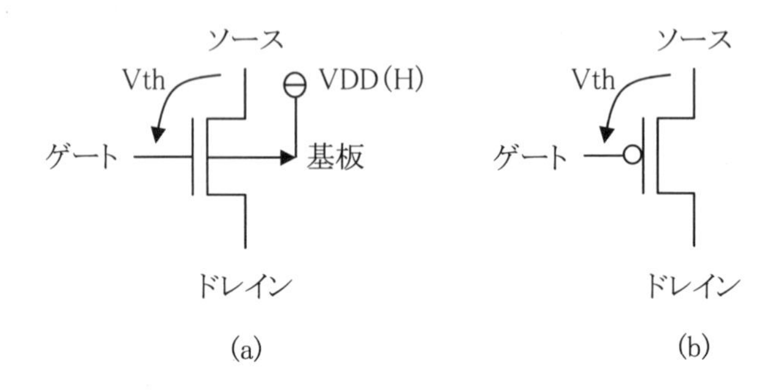

図 5.4　pMOS のシンボル

・シンボルからわかるように，ドレインとソースに構造的な違いはない．回路に組み込んだとき nMOS とは逆に電圧の高い方がソースになり，電圧が低い方がドレインとなる．

・ディジタル回路ではドレイン−ソース間を ON または OFF にする．

・pMOS のドレイン−ソース間を ON にするためには，ゲート電圧をソース電圧よりも Vth 以上低くしなければならない．

・ソース電圧とゲート電圧の差が Vth より小さくなると，ドレイン－ソース間は OFF となる．
・Vth は，H (VDD) よりはずっと小さな値である．
・**図 5.5** に pMOS の動作を示す．図 5.5(a)はゲートに L，ソースに H を与えてソースから電流を注入する場合，図 5.5(b)はゲートおよびドレインに L を与え，ドレインから電流を引き抜く場合，図 5.5(c)はゲートおよびソースに H を与えた場合である．

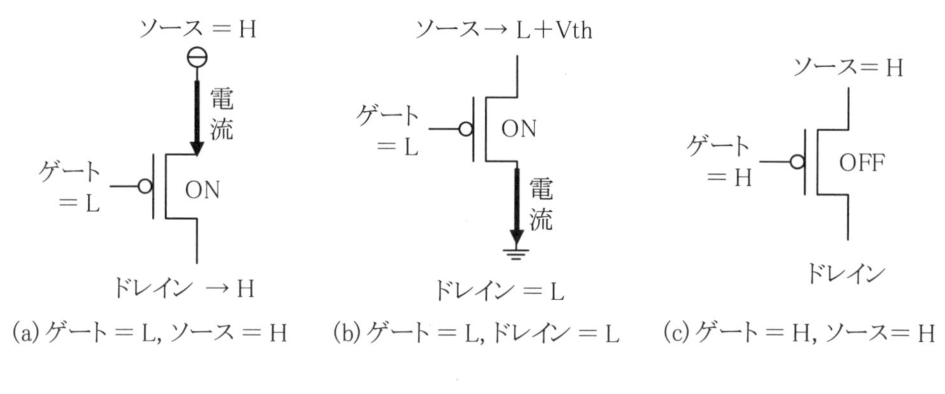

図 5.5　pMOS の動作

・図 5.5(a)の場合，ゲート電圧が L (0V)，ソース電圧は H (VDD) なので，

ソース電圧(H) − ゲート電圧(L) = VDD > Vth

よりドレイン－ソース間が ON になり，ドレイン電圧はソース電圧と同じ H になる．
・図 5.5(b)の場合を説明する．ドレイン電圧とゲート電圧を L に固定して，ソース電圧を H から下げていくとする．最初ソース電圧が H のときは，

ソース電圧(H) − ゲート電圧(L) = VDD > Vth

よりドレイン－ソース間は強く ON する．ソース電圧を H から下げていき

ソース電圧(L＋Vth) − ゲート電圧(L) = Vth

が満たされたとき，ドレイン－ソース間は OFF 寸前になり，これ以上ソース電圧を下げるとドレイン－ソース間は OFF となる．従ってソース電圧 ＝ L＋Vth が上限となり，ドレインの L より Vth だけ上がる．
（厳密には基板バイアス効果により，図 5.5(a)の場合の Vth より図 5.5(b)の場合の Vth の方が大きいので，ソース電圧の L からの上昇は無視できない）

・図 5.5(a)と図 5.5(b)より，ON 状態で pMOS では H はそのまま伝達されるが，L は Vth だけ上がって伝達されるので，pMOS は H 伝達に使われる．
・図 5.5(c)は，pMOS ゲートに H（VDD）を与えた場合で，H は回路中で最も高い電圧なので

$$ソース電圧(H) - ゲート電圧(H) = 0 < Vth$$

よりドレイン－ソース間は OFF となる．

（３）pMOS/nMOS による論理回路

・**図 5.6** に 2 つの nMOS による論理回路を示す．入力はゲート，出力は図 5.6(a)の場合ソース，図 5.6(b)の場合ドレインである．

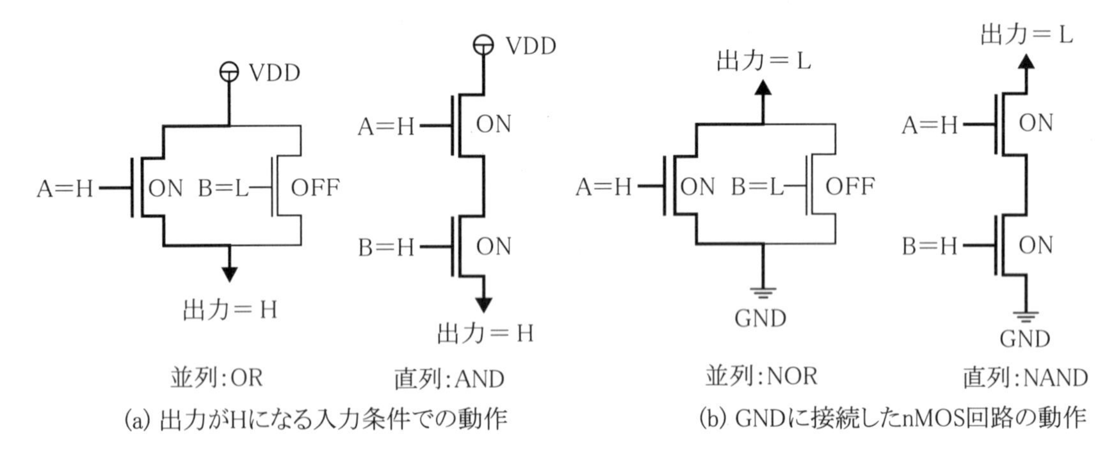

(a) 出力がHになる入力条件での動作　　(b) GNDに接続したnMOS回路の動作

図 5.6　2 つの nMOS による論理回路

・図 5.6(a)は VDD に接続された nMOS による論理で，並列の場合，入力 A と B のうち少なくとも 1 つが H のとき VDD からソースに H が出力されるので論理和(OR)が実現される．直列の場合，入力 A と B がともに H のときのみ VDD からソースに H が出力されるので論理積(AND)が実現される．（厳密には出力＝H－Vth である）
・図 5.6(b)は GND に接続した nMOS 回路の動作で，出力は図 5.6(a)の場合と逆の L になる．従って，並列の論理は OR を反転した NOR，直列は AND を反転した NAND となる．
・5.1 節(1)で述べたように nMOS は L 伝達に適するので，nMOS 論理回路として図 5.6(b)の回路が使用される．
・図 5.6(b)の nMOS 並列回路(NOR)で(A,B)＝(L,L)の場合や，nMOS 直列回路

(NAND)で(A,B)＝(H,L)，(L,H)，(L,L)の場合，nMOS が OFF となって GND から切り離されるが，元々VDD にもつながっていないので，出力は H でも L でもないフローティング状態になる．

- H–出力を得るためには，VDD につながった pMOS 論理回路と接続して，図 5.1 に示す回路構造にする．nMOS 回路の H を pMOS 回路が供給するので，両回路の論理式は同一でなければならない．
- **図 5.7** は，H 伝達に適する 2 つの pMOS の並列回路と直列回路を VDD に接続した図である．入力はゲート，出力はドレインである．

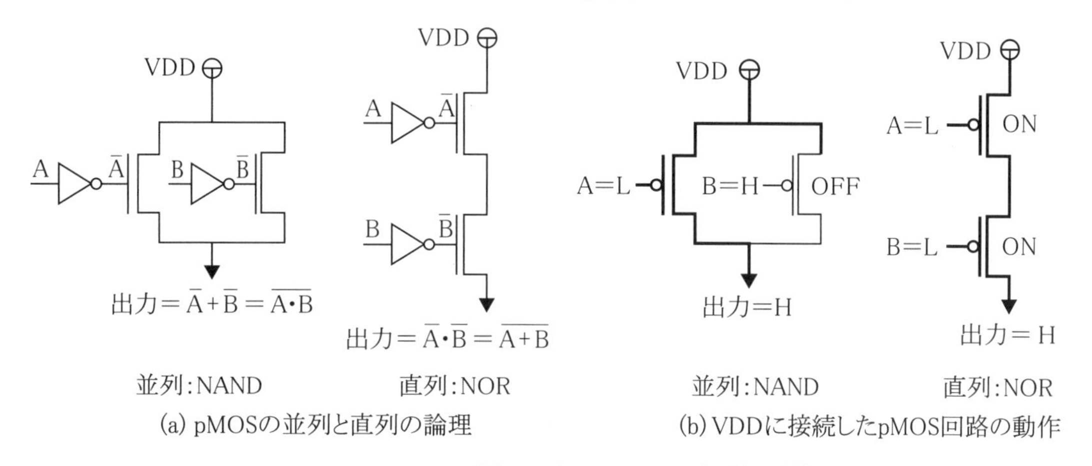

図 5.7　2 つの pMOS による論理回路

- pMOS はゲート＝L で ON するので，pMOS を nMOS で表すと図 5.7(a)のように各 nMOS のゲートに NOT 回路を接続した形になる．
- 従って pMOS 回路に入力 A，B を与えることは，nMOS 回路に入力 $\overline{A}$，$\overline{B}$ を与えることと等価である．
- 上述したように VDD に接続した nMOS の並列は OR，直列は AND であるので，pMOS 並列の場合の論理式は，$\overline{A}+\overline{B}$ となり，pMOS 直列の場合の論理式は，$\overline{A}\cdot\overline{B}$ となる．
- ド・モルガンの定理より，並列：$\overline{A}+\overline{B}=\overline{A \cdot B}$，直列：$\overline{A}\cdot\overline{B}=\overline{A+B}$ となるので，pMOS の並列は入力 A，B との NAND，直列は NOR となる．
- 図 5.7(b)は，VDD に接続された pMOS 回路の動作で，並列の場合，入力 A と B のうち少なくとも 1 つが L のとき出力が H となるので NAND が実現される．直列の場合，入力 A と B がともに L のときのみ出力が H となるので NOR が実現される．
- 図 5.7(b)の pMOS 並列回路(NAND)で(A,B)＝(H,H)の場合や，pMOS 直列回路(NOR)で(A,B)＝(H,L)，(L,H)，(H,H)の場合，pMOS が OFF となって VDD

から切り離されるが，元々GND にもつながっていないので，出力は H でも L でもないフローティング状態になる.

・L−出力を得るためには，GND につながった nMOS 論理回路と接続して，図 5.1 に示す回路構造にする. pMOS 回路の L を nMOS 回路が供給するので，両回路の論理式は同一でなければならない.

5.2 CMOS 基本回路

・5.1 節より導き出された pMOS と nMOS からなる CMOS 回路の特徴を**表 5.2** にまとめる.

表 5.2 CMOS 回路の特徴

①	pMOS 部の論理と nMOS 部の論理は同一で，VDD につながった pMOS 部は出力に H を供給し，GND につながった nMOS 部は出力に L を供給する.
②	①より CMOS 回路の出力は互いに接続された pMOS 部と nMOS 部の間から取り出される.
③	①より pMOS 部と nMOS 部に同じ入力を与えなければならない.
④	③より入力数 = pMOS 数 = nMOS 数である.
⑤	pMOS 並列 : NAND，pMOS 直列 : NOR，nMOS 並列 : NOR，nMOS 直列 : NAND である.

（1）インバータ

インバータ

・**図 5.8**(a)にインバータのシンボルを示す. シンボルは図 3.4 と同じである.

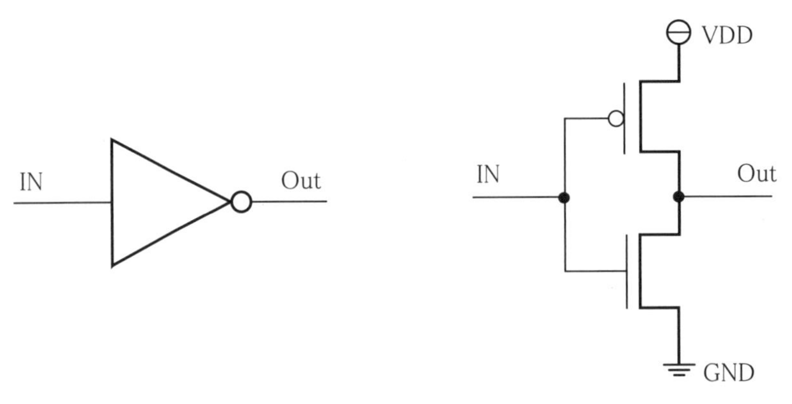

(a) インバータのシンボル　　(b) インバータ回路図

図 5.8　インバータのシンボルと回路図

・表 5.2 より，インバータは 1 入力なので pMOS と nMOS は各 1 個で，pMOS は VDD 側に nMOS は GND 側に配置し，pMOS と nMOS の間から出力を取り出す．
・インバータ回路図を図 5.8(b)に示す．
・**図 5.9** にインバータの動作を示す．

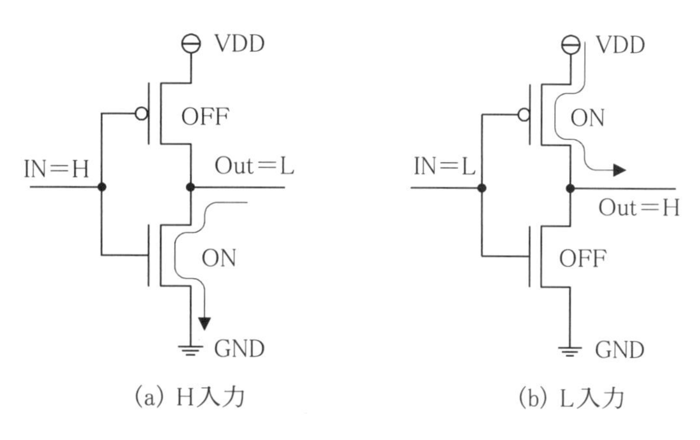

図 5.9　インバータの動作

・図 5.9(a)に示すように入力 IN に H が入力されると，nMOS は ON，pMOS は OFF より出力 Out は GND と接続されるため L が出力される．図 5.9(b)に示すように入力 IN に L が入力されると，nMOS は OFF，pMOS は ON より出力 Out は VDD と接続されるため H が出力される．矢印は電流の向きである．
・このように，インバータでは入力が反転されて出力される．

NAND 回路

（２）NAND 回路

・**図 5.10**(a)に 2 入力 NAND のシンボルを示す．シンボルは図 3.5 と同じである．
・表 5.2 より，2 入力なので pMOS：2 個，nMOS：2 個必要で，pMOS を並列にして VDD に，nMOS を直列にして GND に接続し，出力は pMOS と nMOS の間から取り出す．
・2 入力 NAND 回路を図 5.10(b)に示す．

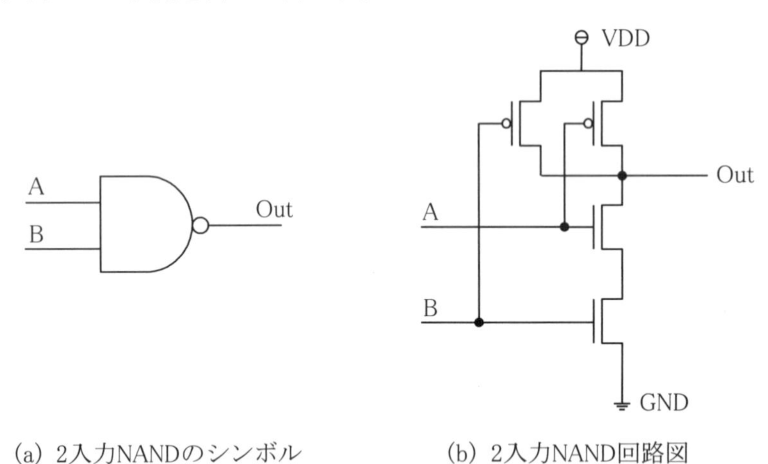

図 5.10　2 入力 NAND のシンボルと回路図

・**図 5.11** に 2 入力 NAND の動作を示す．

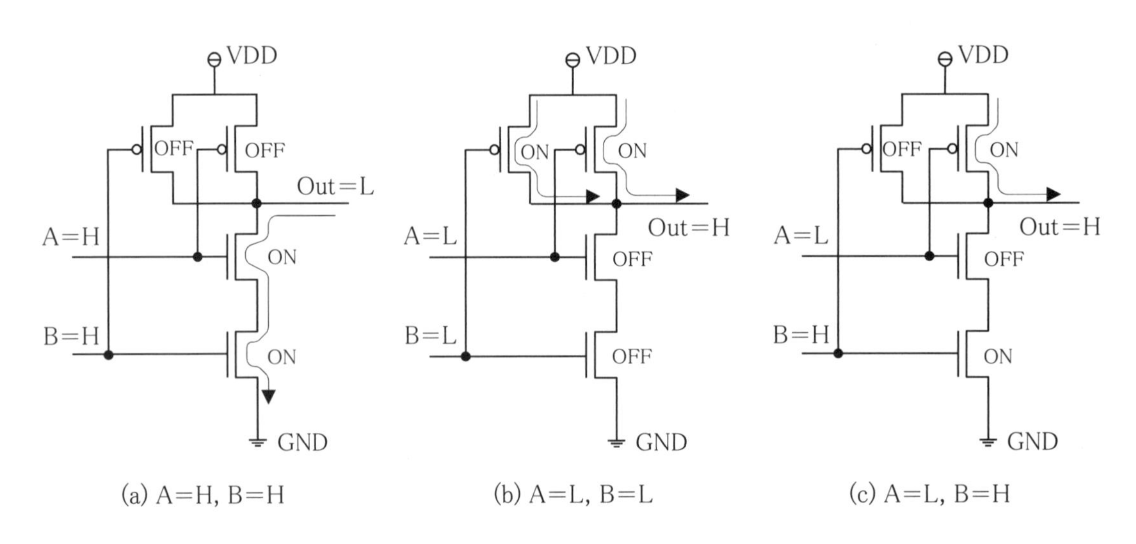

図 5.11　2 入力 NAND の動作

・図 5.11(a)に示すように 2 入力 A, B に H が入力されると, nMOS は ON, pMOS は OFF より出力 Out は L となる．図 5.11(b)に示すように 2 入力 A，B に L が入力されると，nMOS は OFF，pMOS は ON より出力 Out は H となる．図 5.11(c)に示すように入力 A に L，入力 B に H が入力されると，A 入力 pMOS は ON，A 入力 nMOS は OFF より Out は H になる．矢印は電流の向きである．

・このように，2 入力のうち 1 つでも L になれば，出力は H になる．

練習 5.1 下記シンボルを実現する 3 入力 NAND の回路図を描け．

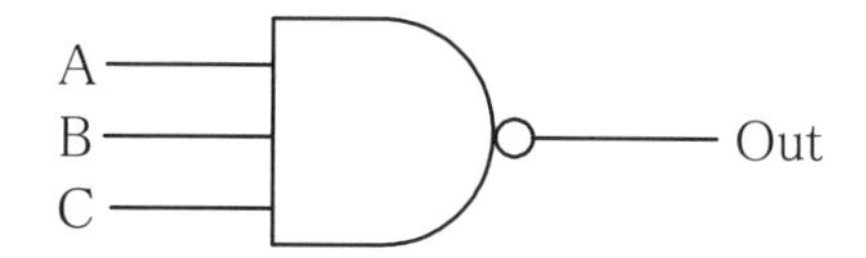

NOR 回路

（３）NOR 回路

・**図 5.12**(a)に，2 入力 NOR のシンボルを示す．シンボルは図 3.7 と同じである．

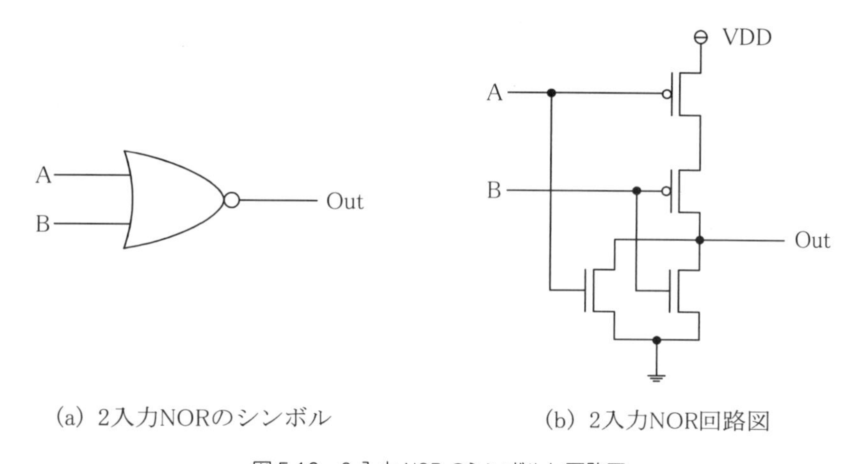

図 5.12 2 入力 NOR のシンボルと回路図

・表 5.2 より，2 入力なので pMOS : 2 個，nMOS : 2 個必要で，pMOS を直列にして VDD に，nMOS を並列にして GND に接続し，出力は pMOS と nMOS の間から取り出す．

・2 入力 NOR 回路を図 5.12(b)に示す．

・**図 5.13** に 2 入力 NOR の動作を示す.
・図 5.13(a)に示すように 2 入力 A，B に H が入力されると，nMOS は ON，pMOS は OFF より出力 Out は L になる. 図 5.13(b)に示すように 2 入力 A，B に L が入力されると，nMOS は OFF，pMOS は ON より出力 Out は H になる. 図 5.13(c)に示すように入力 A に L，入力 B に H が入力されると，B 入力 pMOS は OFF，B 入力 nMOS は ON より Out は L になる. 矢印は電流の向きである.

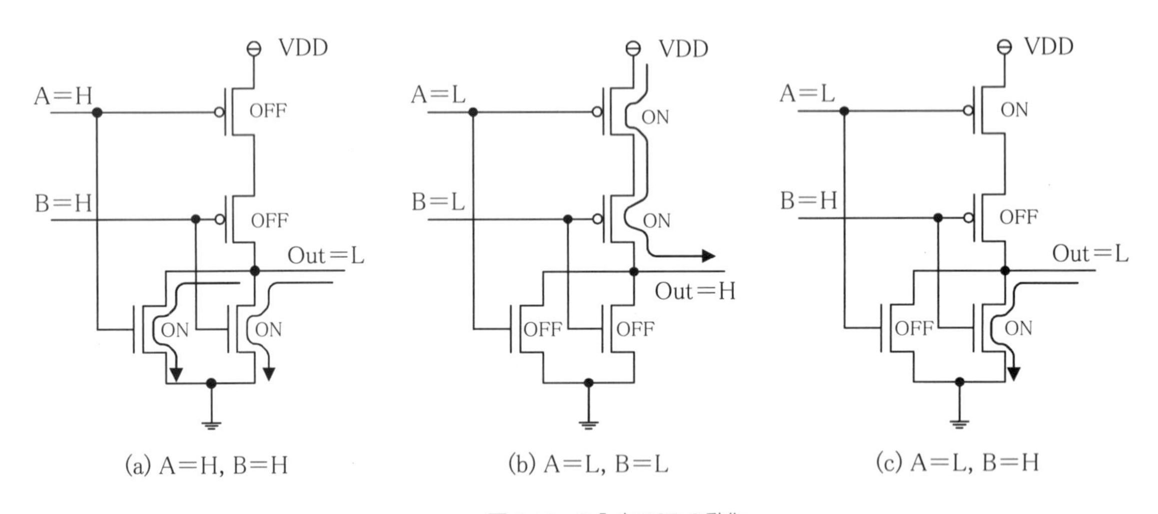

図 5.13　2 入力 NOR の動作

・このように，2 入力 NOR では 2 入力のうち 1 つでも H になれば，出力は L になる.

練習 5.2　下記シンボルを実現する 3 入力 NOR の回路図を描け.

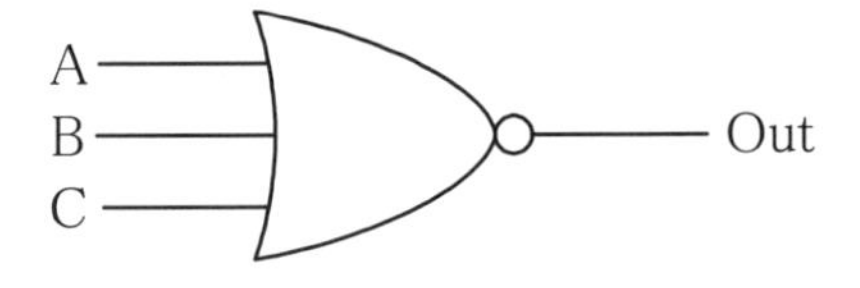

5.3 CMOS 複合ゲート回路

・NOT，NAND や NOR 等の基本回路だけでなく，複雑な反転された論理(出力変数＝$\overline{\text{反転前の論理式}}$)を基本回路よりも少ないトランジスタ数で実現することができる．これを CMOS 複合ゲート回路という．

・nMOS 部を設計するには，反転前の論理式に注目し，論理和ならば並列に，論理積ならば直列に接続する．詳細は 5.1 節(3)を参照．

・pMOS 部を設計するには，論理式をド・モルガンの定理で変換し，(nMOS 部と同様に)論理和ならば並列に，論理積ならば直列に接続すれば反転出力が得られる．詳細は 5.1 節(3)参照．

複合ゲート

（1）CMOS 複合ゲート回路設計例

1）2AND into 2NOR ： Out＝$\overline{C+(A\cdot B)}$

・**図 5.14** に 2AND into 2NOR の論理回路を示す．

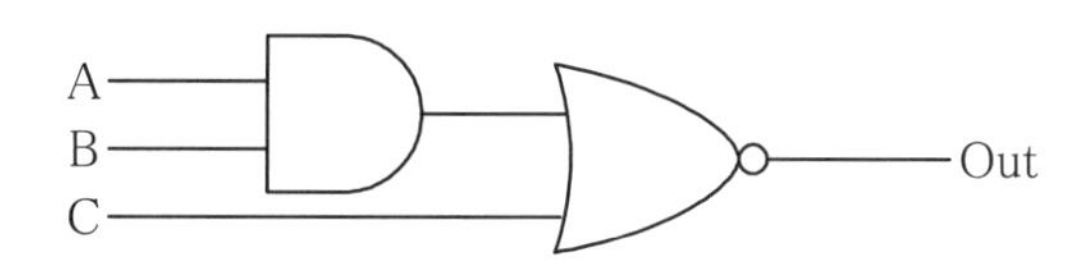

図 5.14　2AND into 2NOR 論理回路

・nMOS 部は，反転前の C＋(A･B) に注目し，A 入力 nMOS と B 入力 nMOS を直列接続し，それと C 入力 nMOS を並列接続する．

・pMOS 部はド・モルガンの定理で，$\overline{C+(A\cdot B)}=\overline{C}\cdot\overline{(A\cdot B)}=\overline{C}\cdot(\overline{A}+\overline{B})$と変形して，A 入力 pMOS と B 入力 pMOS を並列接続し，それと C 入力 pMOS を直列接続する．

・pMOS 部は，nMOS を設計するための論理式 C＋(A･B) の双対：C･(A＋B) を求め，OR→並列，AND→直列の原則に基づいて設計することもできる．(nMOS 部の設計で使用した反転前の論理式の積と和を入れ替えると，ド・モルガンの定理で変換した論理式の「形」になるため)

・**図 5.15** に$\overline{C+(A\cdot B)}$の論理を実現する CMOS 回路を示す．

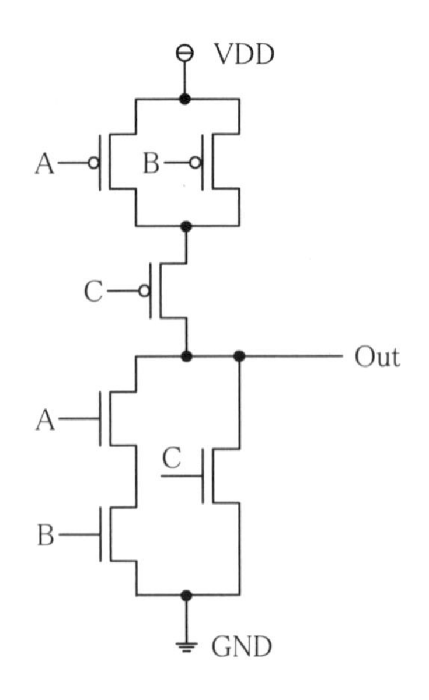

図 5.15　$\overline{C+(A \cdot B)}$の CMOS 回路

・図 5.14 の論理回路を CMOS 基本回路で設計した場合，CMOS には AND 機能がないので 2AND を**図 5.16** に示すように NOT＋2NAND にする. 図 5.8, 図 5.10, 図 5.12 より総トランジスタ数は 10 個である.

・これを図 5.15 の複合ゲートで設計すると入力数が 3 個なのでトランジスタ数を 6 個に減らすことができる.

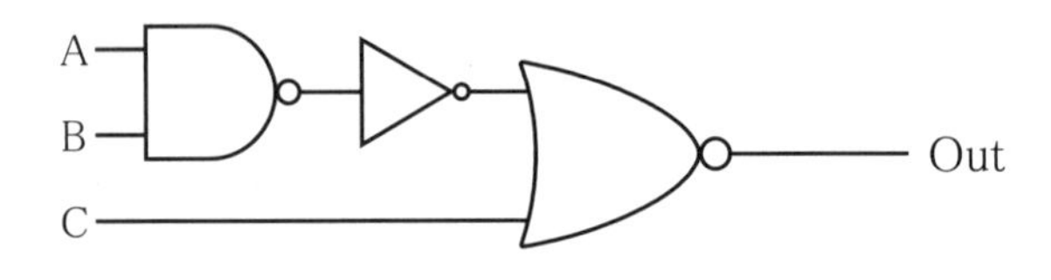

図 5.16　CMOS による 2AND into 2NOR

2）2×2AND into 2NOR : Out＝$\overline{(A \cdot B)+(C \cdot D)}$

・nMOS 部は，反転前の (A・B)＋(C・D) に注目し，A 入力 nMOS と B 入力 nMOS を直列接続し，C 入力 nMOS と D 入力 nMOS を直列接続し，それらを並列接続する.

・pMOS 部は，ド・モルガンの定理で，$\overline{(A \cdot B)+(C \cdot D)}=(\overline{A \cdot B}) \cdot (\overline{C \cdot D})=(\overline{A}+\overline{B}) \cdot (\overline{C}+\overline{D})$ と変形して，A 入力 pMOS と B 入力 pMOS を並列接続し，C 入力 pMOS と D 入力 pMOS を並列接続し，それらを直列接続する.

・pMOS 部は，(A・B)＋(C・D)の双対：(A＋B)・(C＋D) に基づいて設計してもよい．

・**図 5.17** に$\overline{(A \cdot B)+(C \cdot D)}$の論理を実現する CMOS 回路を示す．

3）3OR into 2NAND：Out＝$\overline{(A+B+C) \cdot D}$

・nMOS 部は，反転前の(A＋B＋C)・D に注目し，A 入力, B 入力および C 入力 nMOS を並列接続し，それと D 入力 nMOS を直列接続する．

・pMOS 部は，ド・モルガンの定理で$\overline{(A+B+C) \cdot D}=\overline{(A+B+C)}+\overline{D}=(\overline{A} \cdot \overline{B} \cdot \overline{C})+\overline{D}$ と変形して，A 入力，B 入力および C 入力 pMOS を直列接続し，それと D 入力 pMOS を並列接続する．

・pMOS 部は，(A＋B＋C)・D の双対：(A・B・C)＋D に基づいて設計してもよい．

・**図 5.18** に$\overline{(A+B+C) \cdot D}$ の論理を実現する CMOS 回路を示す．

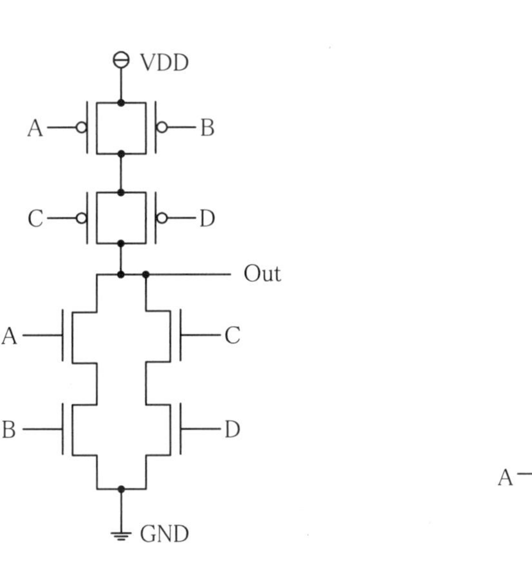

図 5.17　$\overline{(A \cdot B)+(C \cdot D)}$の CMOS 回路

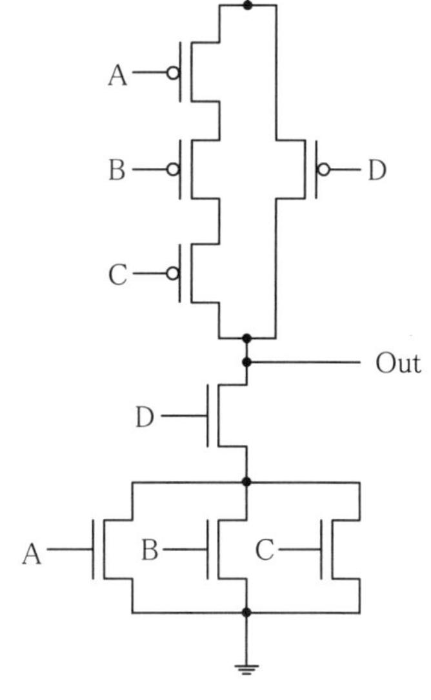

図 5.18　$\overline{(A+B+C) \cdot D}$ の CMOS 回路

練習 5.3　下図に示す 2OR into 2NAND を実現する CMOS 複合ゲートを設計せよ．

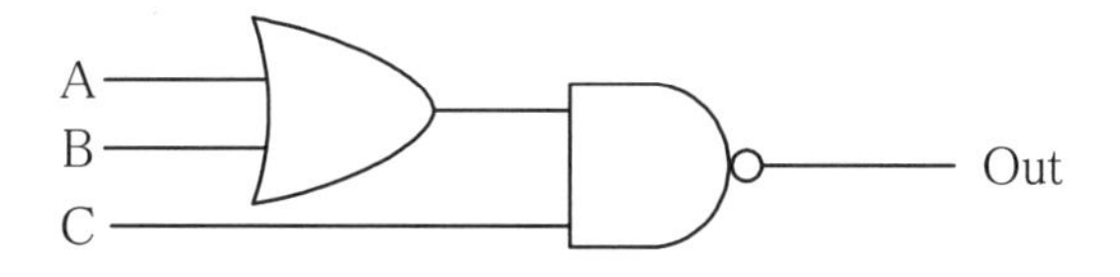

練習 5.4　CMOS 複合ゲート回路の nMOS 部から論理式を求めるとともに，pMOS 部の回路を追加して全体回路を完成させよ．

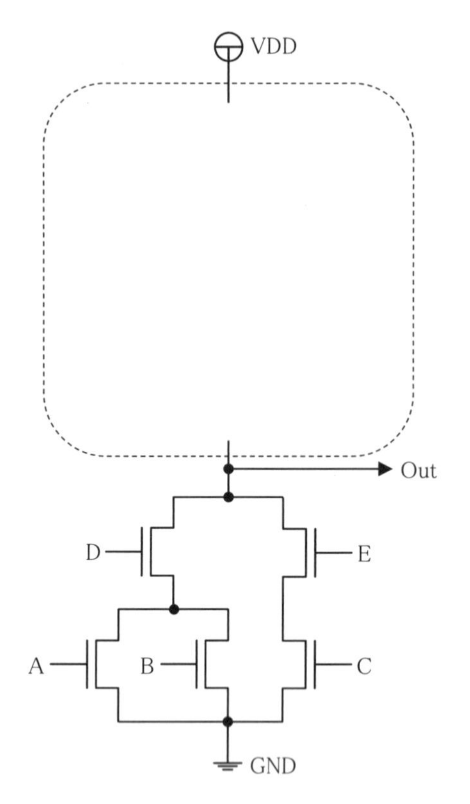

5.4 CMOS フリップ・フロップ回路

・nMOS と pMOS を用いると，少ないトランジスタ数でフリップ・フロップを実現することができる．

（1）フリップ・フロップ回路に必要な回路部品

・CMOS フリップ・フロップ回路に使われる回路部品について解説する．

トランスファ・ゲート

トランスミッションゲート

1）トランスファ・ゲートとトランスミッション・ゲート

・トランスファ・ゲート（以下 TG）やトランスミッション・ゲート（以下 TM）は，回路間の配線途中に挿入された nMOS や pMOS で，H や L のディジタル信号を伝達したり切ったりするスイッチとして使用される．

- **図 5.19** は TG の ON 状態の動作で，H や L の情報を左側から右側に伝達する様子を示す.
- 図 5.19(a)に示すように左から H を与えて電流を注入する場合，5.1 節で述べたように pMOS は H をそのまま伝えるが, nMOS は右側の電圧を H まで上げ切ることができず，Vth だけ下がるという欠点がある.
- 図 5.19(b)に示すように左から L を与えて電流を引き抜く場合，5.1 節で述べたように nMOS は L をそのまま伝えるが，pMOS は右側の電圧を L まで落とし切ることができず，Vth だけ上がるという欠点がある.

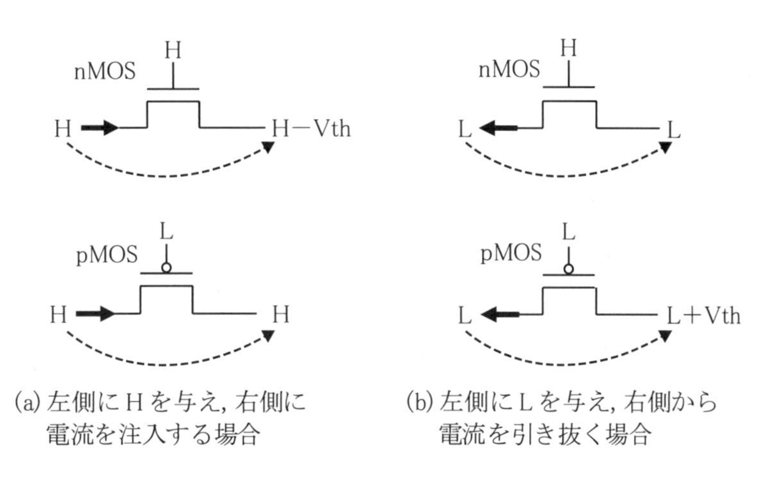

図 5.19　トランスファゲート(TG)の ON 状態動作

- TG の欠点を解決したのが TM であり，**図 5.20** に示すように pMOS と nMOS を並列に接続したものである.

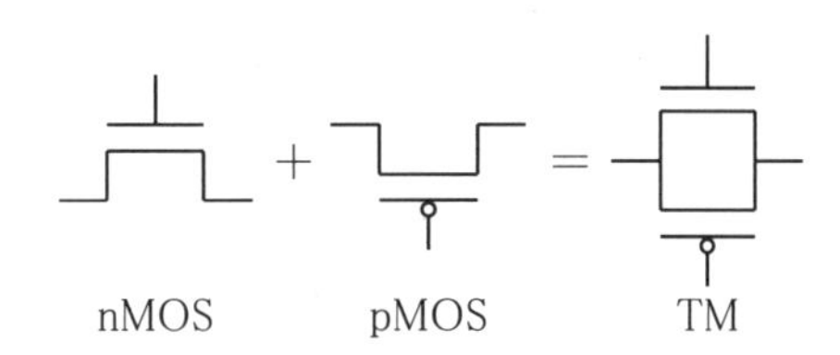

図 5.20　トランスミッション・ゲート(TM)の構成

- **図 5.21** に TM の動作を示す．TM を ON させるときは図 5.21(a),(b)に示すように nMOS のゲートに H を，pMOS のゲートに L を与える．OFF させるときは図 5.21(c)のようにゲートに逆の電圧を与える.
- 図 5.21(a)は TM が ON 状態で H を IN から OUT に伝達する場合を示す．pMOS は図 5.5(a)の状態なので ON して out＝H になる．nMOS は図 5.3(b)の状態になるので図 5.21(a)の OUT が H－Vth までしか上がらず，それ以上になると OFF する．しかし OUT の電圧は pMOS により H に固定されるので nMOS は OFF する．結果として IN の H は pMOS を介して OUT に伝達される．

・図 5.21(b)も TM が ON 状態で L を IN から OUT に伝達する場合を示す．nMOS は図 5.3(a)の状態なので ON して out＝L になる．pMOS は図 5.5(b)の状態になるので図 5.21(b)の OUT が L＋Vth までしか下がらず，それ以下になると OFF する．しかし OUT の電圧は nMOS により L に固定されるので pMOS は ON にならない．結果として IN の L は nMOS を介して OUT に伝達される．

・このように TM は，TG のように H が Vth だけ落ちたり，L が Vth だけ浮き上がったりすることなく H や L を正確に伝える．

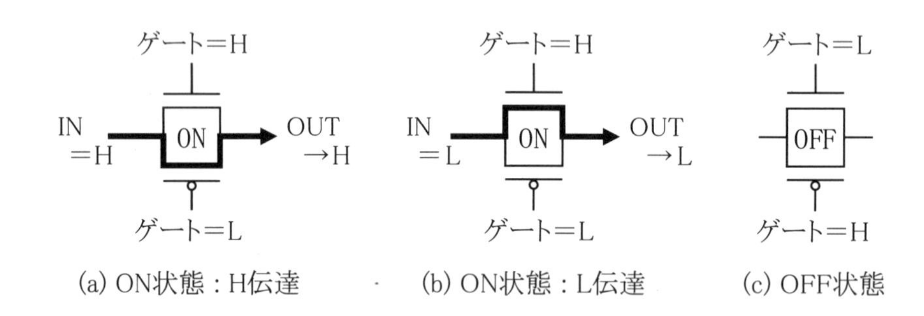

図 5.21　トランスミッション・ゲート（TM）の動作

セレクタ回路

2）セレクタ回路

・**図 5.22** に 2 to 1 セレクタの回路図と動作を示す．2 to 1 セレクタとは，2 つの中から 1 つを選ぶ回路のことである．

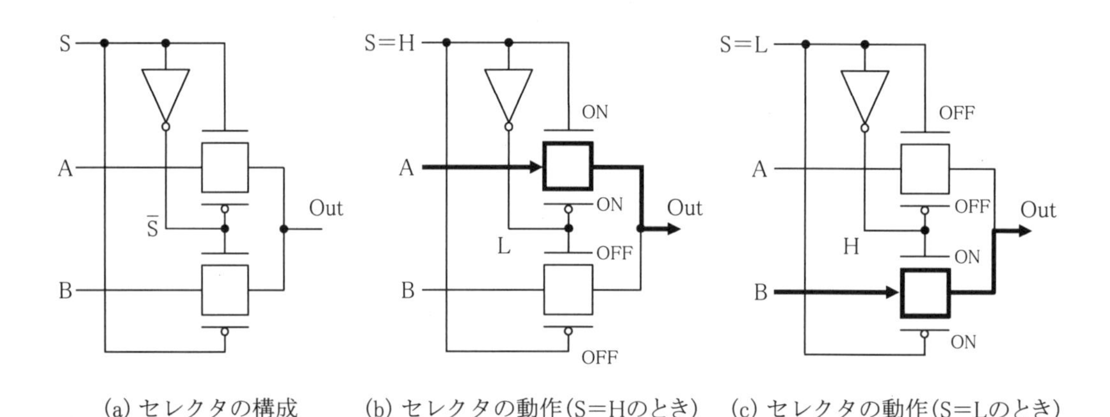

図 5.22　2 to 1 セレクタの構成と動作

・図5.22(a)に示すようにセレクタは，(1)で述べたTMがA入力とB入力に1つずつ用いられている．

・S＝Hのとき図5.22(b)に示すようにA入力側TMのnMOSゲートにはHが，pMOSのゲートにはLが与えられるので，TMはON状態になる．このときB入力側TMのnMOSのゲートにはLが，pMOSのゲートにはHが与えられるので，B入力側のTMはOFF状態となる．結果，A入力が選択され，出力される．

・S＝Lのとき図5.22(c)に示すように，A入力側TMがOFF状態になり，B入力側TMがON状態になるので，B入力が選択され，Outに出力される．

・**図5.23**はTMゲートにCLKを与え，図5.22を変形したものである．図において，CLK＝HのときA入力側のnMOSとpMOSがON状態になり，B入力側のnMOSとpMOSがOFF状態となるのでAが選択され，Outに出力される，CLK＝Lのときは逆の状態になるのでBが選択され，Outに出力される．

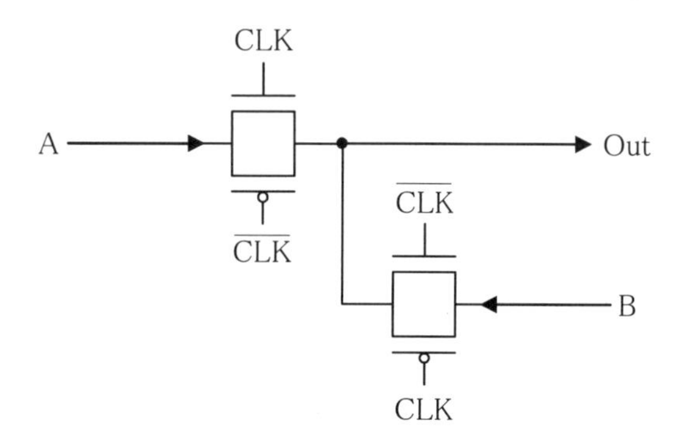

図5.23　変形された2 to 1セレクタ

Dラッチ

（2）Dラッチ回路

・**図5.24**にDラッチの回路図を示す．図5.24は，図5.23の変形セレクタ回路のAをDと改名し，B入力側に図4.1(a)のフリップ・フロップの原型である記憶回路を配置したものである．2つのインバータの各出力が$\overline{Q}$端子とQ端子である．

・この結果，DとQと$\overline{Q}$の関係は，Q＝D，$\overline{Q}=\overline{D}$である．

・**図5.25**にDラッチの動作を示す．CLK＝Hのとき，図5.25(a)に示すように，D入力側のTM_1がON状態になりTM_2がOFF状態になるので，D側のデータが選択されてインバータ1により反転して，$\overline{Q}$端子に$\overline{D}$が出力される．このとき，インバータ2にも$\overline{D}$が入力され，インバータ2により再度反転されてDがQ端子に出力される．これはDラッチの書き換えに相当する．

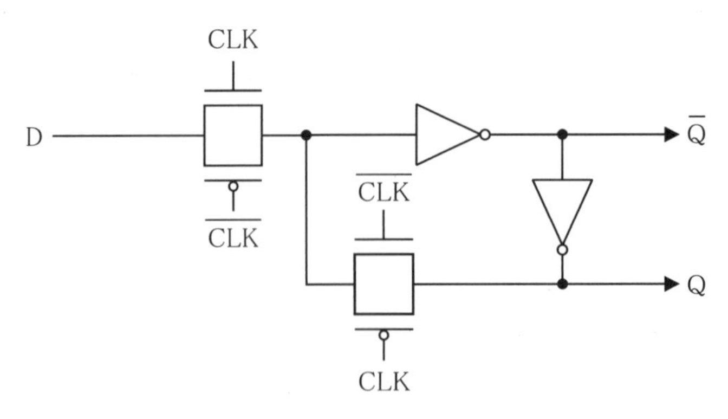

図 5.24　D ラッチ回路図

・CLK＝L のとき，図 5.25(b)に示すように，記憶回路側の TM_2 が ON 状態になり TM_1 が OFF 状態になるので，記憶回路側ではインバータ 1 とインバータ 2 による安定した回路ループが実現し，記憶状態すなわちホールド状態となる.

・このように，CLK＝H で D 端子からのデータが記憶回路に書き込まれるとともに Q や $\overline{\text{Q}}$ から出力される. CLK＝L で記憶回路はホールド状態となり，D が変化しても Q や $\overline{\text{Q}}$ は変化しない.

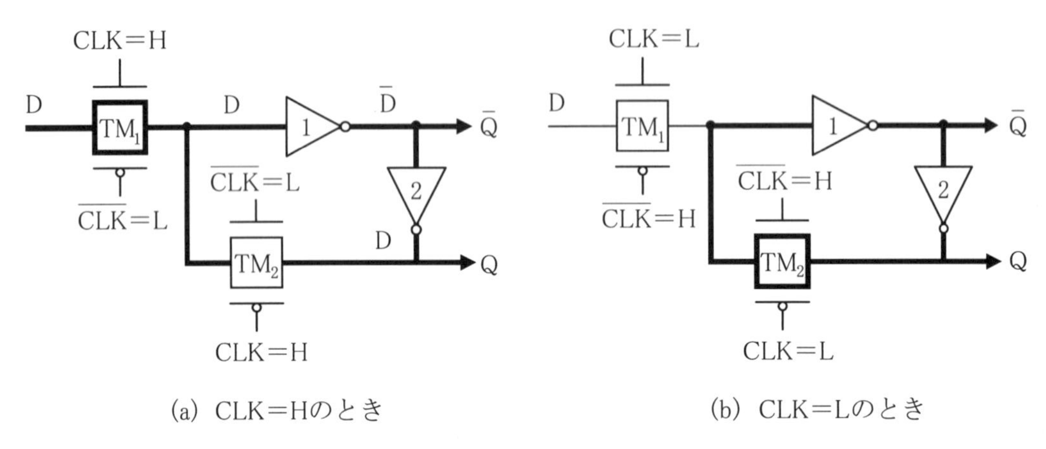

(a) CLK＝Hのとき　　(b) CLK＝Lのとき

図 5.25　D ラッチの動作

・**図 5.26** に D ラッチの動作タイミングを示す. 図 5.26 において，D 入力の A，B，C，E，F，G は入力データであるが，H か L のどちらかである. 以下では時間を追って説明する.

・CLK＝H で D 端子のデータ A が取り込まれるとともに，遅延時間後 Q に出力される. CLK＝H 期間中に D 端子のデータが A から B に変化すると，データ B が取り込まれるだけでなく，遅延時間後 Q から出力される.

・CLK＝L 期間では D 端子のデータを受け付けず，D ラッチはデータをホールドするので，D 端子のデータが B から C に変わっても，出力は B のまま変化しない．
・CLK＝H になると，D 端子のデータ C が取り込まれ，遅延時間後 Q から出力される．CLK＝H 期間中に入力データが E，F，G へと変化すると，これらの変化も遅延時間後 Q から出力される．
・以上述べたように D ラッチは，CLK＝H 期間に受け付けたデータをそのまま出力する．

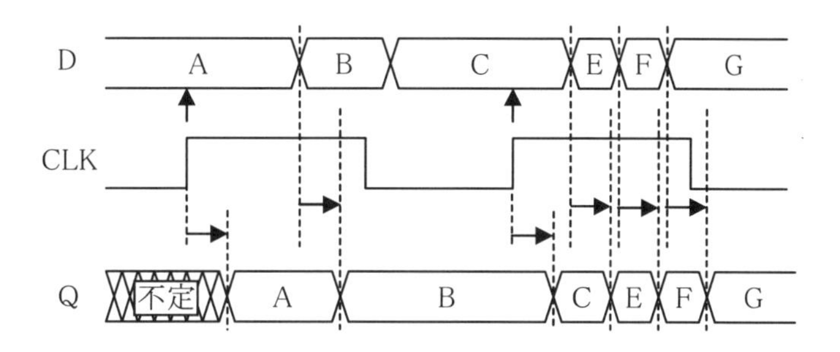

図 5.26　D ラッチの動作タイミング

・ここで述べた D ラッチは，図 4.16 の D-FF と全く同じ機能をもつ．
・本項で述べた D ラッチは TM によるセレクタ回路を用いているため，図 4.16 の D-FF よりも回路が簡単化されている．図 5.8 および図 5.22 を用いて，図 5.24 の D ラッチと図 4.16 の D-FF のトランジスタ数を比較してみる．
・D ラッチは，2 個の TM と 2 個のインバータから構成されている．これに加えて $\overline{\text{CLK}}$ 信号を作るためにインバータ 1 個を追加すると，総トランジスタ数は，2×2+2×2+2＝10 個となる．これに対し図 4.16 の D-FF は，4 個の 2NAND と 1 個のインバータで構成されているので，総トランジスタ数は，4×4+2＝18 個となる．CMOS の TM がトランジスタ数削減に多大な寄与をしていることがわかる．

（3）CMOS エッジトリガ D フリップ･フロップ回路

・**図 5.27** に CMOS エッジトリガ D フリップ･フロップ（以下 CMOS-EG-D-FF）の回路図を示す．
・図より明らかなように，CMOS-EG-D-FF は前節の D ラッチを 2 つ直列に接続したマスター･スレーブ回路である．

・4.1 節(4)の 2)で述べたように，マスターとスレーブは一方が受付状態のとき，他方はホールド状態になる．それを実現するために，4 つの TM に与える CLK 信号をマスター部とスレーブ部で反転させている．

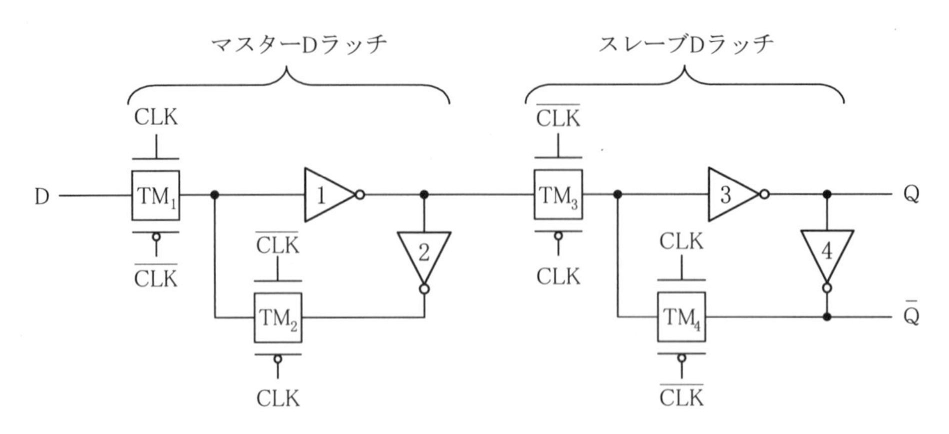

図 5.27　CMOS エッジトリガ D フリップ・フロップ回路図

・**図 5.28**(a)〜(c)を用いて EG-D-FF の動作を示す．これらの図で，実線は注目するデータ，破線は注目する実線データの前後のデータを示す．

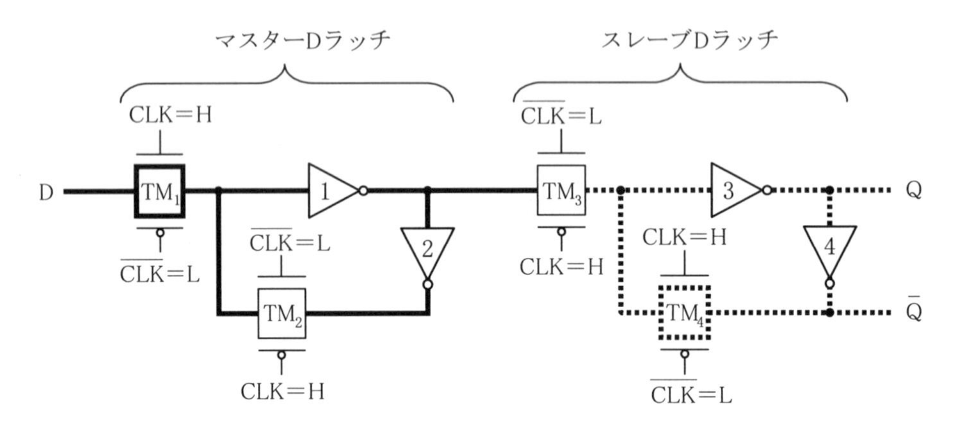

図 5.28(a)　EG-D-FF の動作（CLK=H の場合）

・図 5.28(a)において，CLK＝H のとき TM_1 と TM_4 が ON 状態になり，TM_2 と TM_3 が OFF 状態になる．結果，マスター部は実線データを受け付けるが，TM_3 が OFF 状態であるのでスレーブ部に伝達されない．スレーブ部は TM_4 が ON 状態となるので，インバータ 3 およびインバータ 4 による回路ループが実現され安定した記憶状態となり，実線データの前のデータである破線データがホールドされ，Q および $\overline{Q}$ から出力される．

・図 5.28(b)において，CLK＝L のとき TM_1 と TM_4 が OFF 状態になり，TM_2 と TM_3 が ON 状態になる．

・マスター部は TM_1 が OFF より D 入力に到着した次の破線データを受け付けない．加えて TM_2 が ON 状態となるので，インバータ 1 およびインバータ 2 による回路ループが実現され安定した記憶状態となり，CLK が H から L に変化した瞬間に D 入力に存在した実線データをホールドする．スレーブ部は TM_3 が ON 状態となるので，マスター部が記憶した実線データを受け付けて Q および $\overline{Q}$ から出力する．このとき TM_4 は OFF 状態なので，スレーブ部は実線データを出力しているだけで，記憶してホールドしているわけではない．

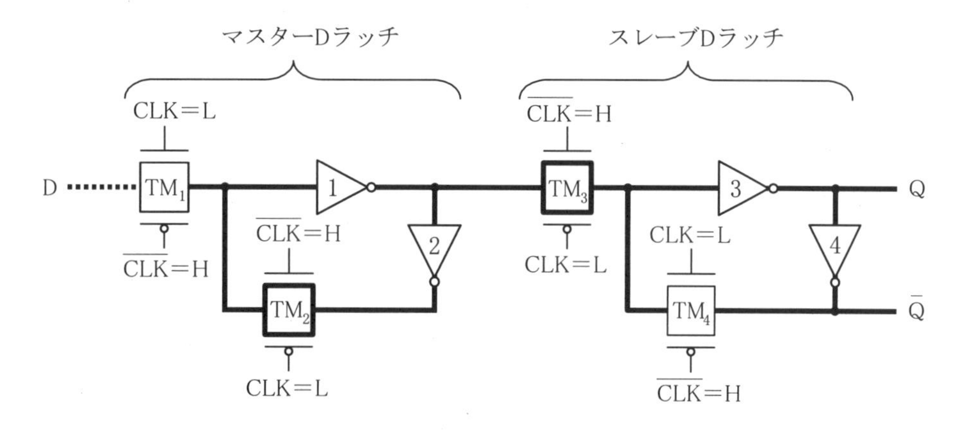

図 5.28(b)　EG-D-FF の動作（CLK=L の場合）

・図 5.28(c)に示すように再び CLK＝H となると，TM_1 と TM_4 が ON 状態になり TM_2 と TM_3 が OFF 状態になる．マスター部は TM_1 が ON より D 入力にある次の破線データを受け付ける．しかし，TM_2 が OFF 状態なのでインバータ 1 およびインバータ 2 による回路ループは切断されており，破線データを記憶しているわけではない．スレーブ部は TM_3 が OFF 状態となり，マスター部と切断される．スレーブ部内では TM_4 が ON 状態なので，インバータ 3 およびインバータ 4 による回路ループが実現され安定した記憶状態となり，実線データがホールドされ Q および $\overline{Q}$ から出力される．

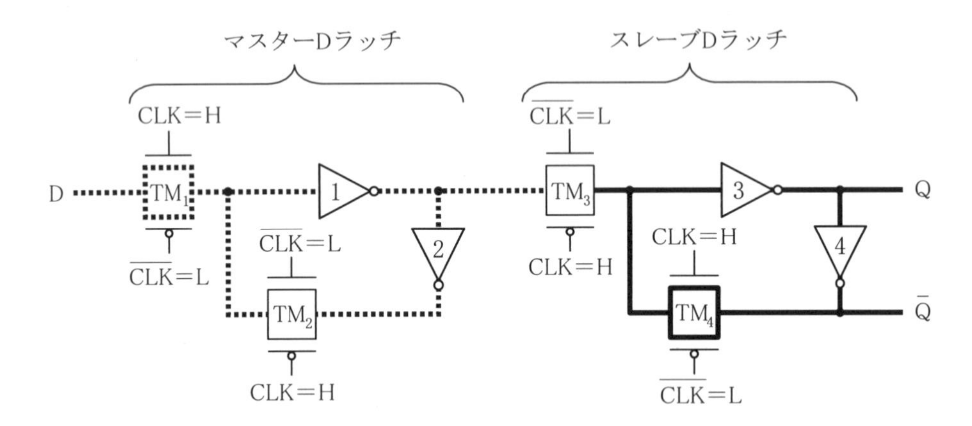

図 5.28(c)　EG-D-FF の動作（CLK=H の場合）

・**図 5.29** に EG-D-FF の動作タイミング図を示す．ここで D ラッチとの違いを明らかにするため，D 入力データおよび CLK は図 5.26 と同じにしてある．図 5.29 において D 入力の A，B，C，E，F，G は入力データであり，H か L のどちらかである．以下では時間を追って説明する．

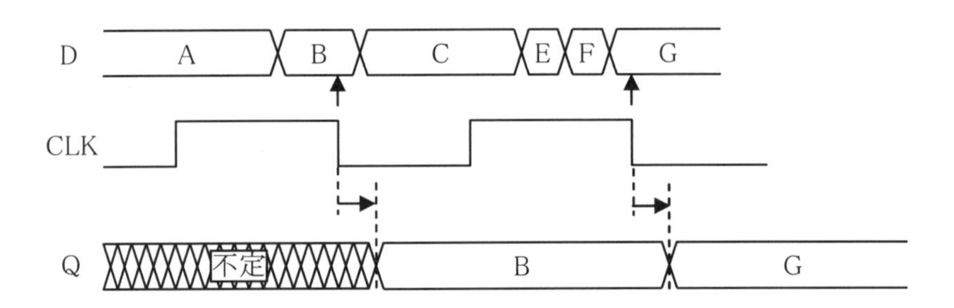

図 5.29　EG-D-FF の動作タイミング

・CLK＝H で D 入力のデータ A がマスター部に取り込まれるが，スレーブ部はマスター部と切断されておりホールド状態なので，マスター部が受け付けたデータ A を Q に出力しない．CLK＝H 期間中に D 入力が A から B に変わると，マスター部はデータ A をデータ B で上書きして受け付けるがスレーブ部は受け付けないので，データ A からデータ B へ変化しても Q は変化しない．

- CLK＝L になると，マスター部は CLK が L になった瞬間に，D 入力に存在したデータ B をホールドするとともに，D 入力との間を切断する．マスター部がホールドしたデータ B はスレーブ部に送られ，Q から出力される．ここで，データ B をホールドしてから Q に出力するまでに遅延がある．CLK＝L の期間はマスター部と D 入力は切断されているので，D 入力がデータ B からデータ C に変わってもマスター部はその変化を受け付けない．
- 再び CLK＝H になると，マスター部は D 入力のデータ C を受け付けるが，スレーブ部との間が切断されているので，データ C が出力されることはない．D 入力に新しいデータ E が与えられると，マスター部はデータ C をデータ E で上書きするが，スレーブ部とは切断されているため，データ E は出力されない．更にデータ F が D 入力に与えられると，マスター部はデータ E をデータ F で上書きするが，相変わらず CLK＝H でスレーブ部とは切断されているため，データ F は Q から出力されない．次にデータ G が D 入力に与えられると，マスター部はデータ F をデータ G で上書きして受け付けるが，スレーブ部には伝わらない．
- 再び CLK＝L になると，その瞬間にマスター部にあったデータ G がマスター部にホールドされる．スレーブ部との間が ON になるので，データ G はスレーブ部に送られ，Q から出力される．この場合もホールドしたデータ G をスレーブ部に伝達し，出力させるために遅延が存在する．
- 結果としていえることは，D 入力にいろいろなデータが次々と入力されても，CLK が H から L へ変化した瞬間に D 入力に存在するデータ（図 5.29 ではデータ B とデータ G）だけが取り込まれ，出力されることがわかる．これは正にエッジトリガ機能そのものであり，図 5.27 のマスター・スレーブ回路はエッジトリガ機能をもっていることが証明された．
- 4.1 節(5)の 2)の終わりに，図 4.19 のマスター・スレーブ D フリップ・フロップがエッジトリガになり得ることを述べたが，図 4.19 と図 5.27 とで使われるトランジスタ数を比較してみよう．
- 図 4.19 の D-FF は 2NAND が 8 個，インバータが 2 個で構成されていた．図 5.8 よりインバータに必要なトランジスタ数は 2 個，図 5.10 より 2NAND に必要なトランジスタ数は 4 個であった．従って，図 4.19 の D-FF を構成するのに必要な総トランジスタ数は，$4\times8+2\times2=36$ 個である．他方，図 5.27

の D-FF は TM が 4 個，インバータが 4 個で構成されている．これに CLK 信号を生成するインバータを 1 個加えると，総トランジスタ数は，2×4＋2×4＋2＝18 個である．このように CMOS の TM を用いれば，使用トランジスタ数が半分で済むことがわかる．

（４）CMOS エッジトリガ JK フリップ･フロップ回路（CMOS-EG-JK-FF）

・CMOS-EG-D-FF をベースにして設計した CMOS エッジトリガ JK フリップ･フロップ回路（CMOS-EG-JK-FF）を**図 5.30** に示す．図 5.30 の Q_n は現在の出力（状態）である．

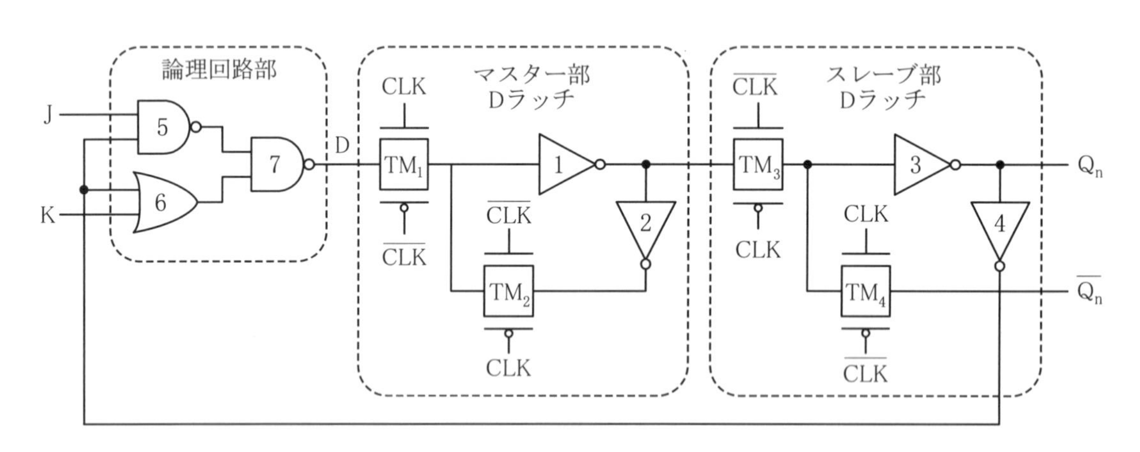

図 5.30　CMOS-EG-JK-FF 回路図

・図 5.30 より明らかなように CMOS-EG-JK-FF は，CMOS-EG-D-FF の D 入力に J, K を入力とする組み合わせ回路を接続したマスター･スレーブ構成である．

・図 5.30 の回路が JK-FF であるためには，JK-FF の特性方程式(4-2)式：$Q_{n+1}=(\overline{K}\cdot Q_n)+(J\cdot\overline{Q_n})$ を満たさなければならない．

・マスター・スレーブ部の CMOS-EG-D-FF の特性方程式は，(4-3)式：$Q_{n+1}=D$ であるので，CMOS-EG-D-FF で CMOS-EG-JK-FF を実現するためには(4-2)式と(4-3)式の連立方程式を満たす必要がある．そこで両式で Q_{n+1} を消去すると，$D=(\overline{K}\cdot Q_n)+(J\cdot\overline{Q_n})$となる．この式から右辺の論理回路を D 入力に接続すれば CMOS-EG-JK-FF を得られることがわかる．

・右辺の$(\overline{K}\cdot Q_n)+(J\cdot\overline{Q_n})$は，$Q_n$ と $\overline{Q_n}$ を含んでいるので，$\overline{Q_n}$ のみを使うために変形する．

・第 1 項の Q_n をド・モルガンの定理より $\overline{Q_n}$ に変更する．$\overline{K}\cdot Q_n = \overline{K+\overline{Q_n}}$.

・$J\cdot\overline{Q_n}$ との和もド・モルガンの定理で積に変更する．

$(J\cdot\overline{Q_n})+(\overline{K+\overline{Q_n}}) = \overline{\overline{(J\cdot\overline{Q_n})}\cdot(K+\overline{Q_n})}$ より

$$D = \overline{\overline{(J\cdot\overline{Q_n})}\cdot(K+\overline{Q_n})} \qquad \cdots\cdots \qquad (5\text{-}1)$$

・この結果，J と $\overline{Q_n}$ の NAND 出力と，K と $\overline{Q_n}$ の OR 出力の NAND をとればよいことになり，図 5.30 の論理回路部を得る．

・次に動作について**図 5.31**(a)～(d)を用いて説明する．ここでは H/L ではなく 1/0 で論じる．また CLK＝1 でマスター部がデータを取り込み，CLK＝0 でスレーブ部がデータを取り込んで出力する．動作の詳細は図5.28(a)～(c)と全く同じであるので，以下では簡単な説明に留める．

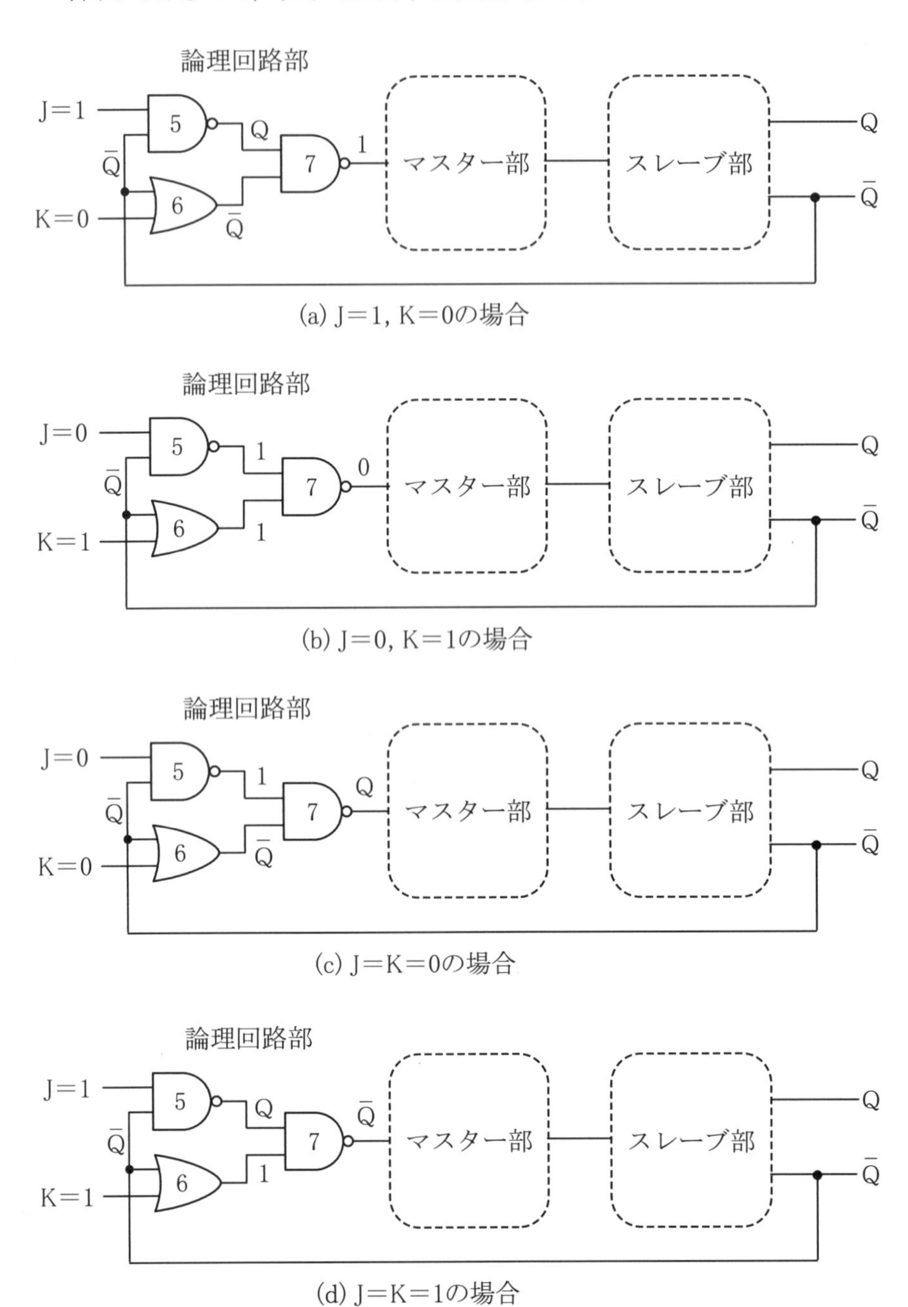

図 5.31　EG-JK-FF 動作説明図

・(J,K)＝(1,0)のときの動作を図 5.31(a)に示す．J＝1 より J は $NAND_5$ の出力に影響を与えないので $\overline{Q}$ が反転して $NAND_5$ に Q が出力される．他方，K＝0 より K は OR_6 の出力に影響を及ぼさないので，$\overline{Q}$ はそのまま OR_6 に出力される．$NAND_7$ には Q と $\overline{Q}$ が入力されるが，Q＝1 でも 0 でも Q，$\overline{Q}$ のどちらか一方は 0 になるので，$NAND_7$ の出力は 1 になる．この 1 が CLK＝1 でマスター部に取り込まれ，CLK＝0 でスレーブ部に取り込まれて Q＝1，$\overline{Q}$＝0 が出力され，セット状態が実現する．

・(J,K)＝(0,1)のときの動作を図 5.31(b)に示す．J＝0 より $NAND_5$ の出力は 1 になり，K＝1 より OR の出力は 1 になる．よって $NAND_7$ の出力は 0 になる．この 0 が CLK＝1 でマスター部に取り込まれ，CLK＝0 でスレーブ部に取り込まれるので Q＝0，$\overline{Q}$＝1 となり，リセット状態が実現する．

・(J,K)＝(0,0)のときの動作を図 5.31(c)に示す．J＝0 より $NAND_5$ の出力は 1 になる．K＝0 より OR_6 の出力には $\overline{Q}$ がそのまま出る．$NAND_7$ には 1 と $\overline{Q}$ が入力されるが，1 は $NAND_7$ の出力に影響を与えないので，$NAND_7$ の出力は他方の入力である $\overline{Q}$ の反転，すなわち Q になる．この Q が CLK＝1 でマスター部に取り込まれ，CLK＝0 でスレーブ部に取り込まれ出力されるので，出力は Q のまま変わらない．すなわち出力はホールド状態となる．

・(J,K)＝(1,1)のときの動作を図 5.31(d)に示す．J＝1 より J は $NAND_5$ 出力に影響を及ぼさないので，$\overline{Q}$ が反転して $NAND_5$ に Q が出力される．K＝1 より OR_6 の出力は 1 になる．$NAND_7$ には Q と 1 が入力されるが，1 は $NAND_7$ の出力に影響を与えないので，$NAND_7$ の出力は他方の入力である Q の反転，すなわち $\overline{Q}$ になる．この $\overline{Q}$ が CLK＝1 でマスター部に取り込まれ，CLK＝0 でスレーブ部に取り込まれ出力されるので，出力 Q は $\overline{Q}$ に反転する．

・**図 5.32** に CMOS-EG-JK-FF の動作タイミング図を示す．図において，$\overline{Q}$ は Q の反転に過ぎないので省略した．CLK の周期を明確にするため，CLK 周期に①～⑤までの番号を付けた．CLK が 1 から 0 に変化するときに Q に出力されるので，CLK＝↓から出力 Q への遅延も描いてある．

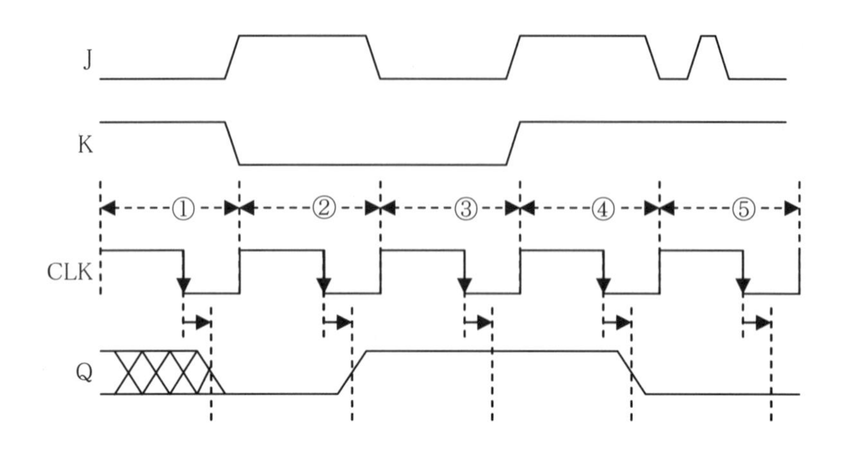

図 5.32　CMOS-EG-JK-FF の動作タイミング

・CLK 周期①では，J＝0，K＝1 のリセット状態が CLK＝1 で取り込まれ，CLK＝↓で出力され，Q＝X → 0 になる．
・CLK 周期②では，J＝1，K＝0 のセット状態が CLK＝1 で取り込まれ，CLK＝↓で出力され，Q＝0 → 1 になる．
・CLK 周期③では，J＝0，K＝0 のホールド状態が CLK＝1 で取り込まれるが，ホールド状態であるので CLK＝↓でも出力は変化せず，前周期の出力を維持する．
・CLK 周期④では，J＝1，K＝1 の反転状態が CLK＝1 で取り込まれ，CLK＝↓で出力が Q＝1 → 0 に反転する．
・CLK 周期⑤では，K＝1 のままで J が 0 → 1 → 0 と変化する．
・図 5.30 の CMOS-EG-JK-FF のマスター部は，図 4.10 の MS-JK-FF のような NAND によるフリップ・フロップではなくトランスミッション・ゲートによるループで構成されているので，CLK＝1 期間（マスター受け付け期間）における J, K からマスター部の NOT_1 までの回路は，組み合わせ論理回路である．
・従って，最終的に J＝0 になるのなら，J＝0，K＝1 のリセット状態が取り込まれ Q＝0 が維持される．すなわち，CLK 周期⑤内で J が一時的に 1 になったことによる影響（セット状態への反転）はない．

・以上のことからトランスミッションゲートによる図 5.30 の JK-FF はマスタースレーブ方式でありながらエッジトリガ動作をすることがわかる.

・上記マスター部の NOT_1 までの組み合わせ論理回路の論理式は, 図 5.30 と(5-1)式より以下となる.

$$NOT_1 = \bar{D} = \overline{\overline{(\overline{J \cdot \overline{Q_n}}) \cdot (K + \overline{Q_n})}} = (\overline{J \cdot \overline{Q_n}}) \cdot (K + \overline{Q_n}) \quad \cdots\cdots \quad (5\text{-}2)$$

・(5-2)式より NOT_1 出力は, J や K の過去の値には依存せず, ある時刻の J, K, $\overline{Q_n}$ で決まることがわかる.

・このことから, 図 5.30 の CMOS-EG-JK-FF は, CLK = 1 期間に J 入力や K 入力がどう変化しても出力に影響を与えず, CLK が↓になったときの NOT_1 出力データを取り込んで出力するエッジトリガ方式の JK-FF である.

練習問題の解答

練習 1.1

101101 ⇒ $1\times2^5+0\times2^4+1\times2^3+1\times2^2+0\times2^1+1\times2^0=32+0+8+4+0+1=45$

練習 1.2

11001

25÷2＝12 余り 1 (最下位桁),　12÷2＝6 余り 0 (2 桁目),　6÷2＝3 余り 0 (3 桁目),
3÷2＝1 余り 1 (4 桁目),　1÷2＝0 余り 1 (最上位桁)　∴ 11001

練習 1.3

0.1011 ⇒ $1\times2^{-1}+0\times2^{-2}+1\times2^{-3}+1\times2^{-4}=0.5+0+0.125+0.0625=0.6875$

練習 1.4

0.10110

求める 2 進数を，0.abcde とすると，

$0.7\times2=\underline{1}.4$ → $a=1$

$0.4\times2=\underline{0}.8$ → $b=0$

$0.8\times2=\underline{1}.6$ → $c=1$

$0.6\times2=\underline{1}.2$ → $d=1$

$0.2\times2=\underline{0}.4$ → $e=0$

練習 1.5

10 進数の 21 を 6 桁の 2 進数で表すと，$\underline{010101}$

10 進数の－21 を 6 桁の 2 進数で表すと，反転したものに 1 を加えて，$101010+1=\underline{101011}$

101011 ⇒ $\underline{-1\times2^5+1\times2^3+1\times2^1+1\times2^0=-32+8+2+1=-21}$

練習 2.1

①を証明する.

(2-11)式②：同一則より，左辺 $=A+1=1\cdot(A+1)$

(2-12)式①：相補則より，　$=(A+\bar{A})\cdot(A+1)$

(2-10)式①：分配則より，　$=A+(\bar{A}\cdot1)$

(2-11)式②：同一則より，　$=A+\bar{A}$

(2-12)式①：相補則より，　$=1$ (証明終)

②は，双対性（・↔＋，0↔1）より成立.

練習 2.2

①を証明する．

(2-11)式②：同一則より，左辺 $= A + (A \cdot B) = (A \cdot 1) + (A \cdot B)$

(2-10)式②：分配則より，　　$= A \cdot (1 + B)$

(2-14)式①：有界則より，　　$= A \cdot 1$

(2-11)式②：同一則より，　　$= A$ (証明終)

②は，双対性（・↔＋，0↔1）より成立．

練習 2.3

①を証明する．

(2-10)式①：分配則より，左辺 $= A + (\overline{A} \cdot B) = (A + \overline{A}) \cdot (A + B)$

(2-12)式①：相補則より，　　$= 1 \cdot (A + B)$

(2-11)式②：同一則より，　　$= A + B$ (証明終)

②は，双対性（・↔＋，0↔1）より成立．

練習 2.4

①を証明する．

(2-11)式②：同一則より，左辺 $= A + A = (A + A) \cdot 1$

(2-12)式①：相補則より，　　$= (A + A) \cdot (A + \overline{A})$

(2-10)式①：分配則より，　　$= A + (A \cdot \overline{A})$

(2-12)式②：相補則より，　　$= A + 0 = A$ (証明終)

②は，双対性（・↔＋，0↔1）より成立．

練習 2.5

$\overline{\overline{A}} = X$ とおくと，$\overline{(\overline{A})} = X$ より X は $\overline{A}$ の補元であるので，

(2-12)式：相補則より，$X \cdot \overline{A} = 0$，$X + \overline{A} = 1$

他方 $\overline{A}$ は A の補元より相補則：$A \cdot \overline{A} = 0$，$A + \overline{A} = 1$ が成立．

比較すると，$X = A$

$\therefore \overline{\overline{A}} = A$ (証明終)

②は，双対性（・↔＋，0↔1）より成立．

練習 2.6

①を証明する．

左辺 $= C = \overline{A + B}$，右辺 $= D = \overline{A} \cdot \overline{B}$ とおく．

$\overline{C} + D$ を計算する．$\overline{C} + D = (A + B) + (\overline{A} \cdot \overline{B})$

(2-10)式①：分配則より，　$=((A\cdot B)+\overline{A})\cdot((A\cdot B)+\overline{B})=(A+\overline{A}+B)\cdot(A+B+\overline{B})$

(2-12)式①：相補則より，　$=(1+B)\cdot(A+1)$

(2-14)式①：有界則より，　$=1\cdot 1=1$

$\therefore\ \overline{C}+D=1$

次に，$\overline{C}\cdot D$ を計算する．$\overline{C}\cdot D=(A+B)\cdot(\overline{A}\cdot\overline{B})$

(2-10)式②：分配則より，　$=(A\cdot(\overline{A}\cdot\overline{B}))+(B\cdot(\overline{A}\cdot\overline{B}))=((A\cdot\overline{A})\cdot\overline{B})+(\overline{A}\cdot(B\cdot\overline{B}))$

(2-12)式②：相補則より，　$=(0\cdot\overline{B})+(\overline{A}\cdot 0)=0$

$\therefore\ \overline{C}\cdot D=0$

$\therefore$ $\overline{C}$ と D は互いに補元の関係にあるので C＝D が成立．(証明終)

((2-12)式の相補則：$A+\overline{A}=1, A\cdot\overline{A}=0$ と $\overline{C}+D=1, \overline{C}\cdot D=0$ を比較すると，C＝D であることがわかる)

②は，双対性（・↔＋，0↔1）より成立．

練習 2.7

全ての入力の組に対して論理積が 1 となる論理式を求める．

(A, B, C)＝(0, 0, 0) のとき，$\overline{A}\cdot\overline{B}\cdot\overline{C}=1$　　f＝1

(A, B, C)＝(0, 0, 1) のとき，$\overline{A}\cdot\overline{B}\cdot C=1$　　f＝0

(A, B, C)＝(0, 1, 0) のとき，$\overline{A}\cdot B\cdot\overline{C}=1$　　f＝1

(A, B, C)＝(0, 1, 1) のとき，$\overline{A}\cdot B\cdot C=1$　　f＝0

(A, B, C)＝(1, 0, 0) のとき，$A\cdot\overline{B}\cdot\overline{C}=1$　　f＝0

(A, B, C)＝(1, 0, 1) のとき，$A\cdot\overline{B}\cdot C=1$　　f＝1

(A, B, C)＝(1, 1, 0) のとき，$A\cdot B\cdot\overline{C}=1$　　f＝0

(A, B, C)＝(1, 1, 1) のとき，$A\cdot B\cdot C=1$　　f＝1

このうち，出力 f が 1 になる項だけを取り出し，論理和をとる．

$$\underline{f=(\overline{A}\cdot\overline{B}\cdot\overline{C})+(\overline{A}\cdot B\cdot\overline{C})+(A\cdot\overline{B}\cdot C)+(A\cdot B\cdot C)}$$

練習 2.8

8 通りの入力の組 (A, B, C) に対して論理和が 0 となる最大項は以下になる．

入力	最大項	出力
↓	↓	↓
(A, B, C)＝(0, 0, 0) のとき，	$A+B+C=0$	f＝1
(A, B, C)＝(0, 0, 1) のとき，	$A+B+\overline{C}=0$	f＝0
(A, B, C)＝(0, 1, 0) のとき，	$A+\overline{B}+C=0$	f＝1
(A, B, C)＝(0, 1, 1) のとき，	$A+\overline{B}+\overline{C}=0$	f＝0
(A, B, C)＝(1, 0, 0) のとき，	$\overline{A}+B+C=0$	f＝0

(A, B, C)＝(1, 0, 1) のとき，$\overline{A}+B+\overline{C}=0$　　$f=1$

(A, B, C)＝(1, 1, 0) のとき，$\overline{A}+\overline{B}+C=0$　　$f=0$

(A, B, C)＝(1, 1, 1) のとき，$\overline{A}+\overline{B}+\overline{C}=0$　　$f=1$

・このうち，出力 f が 0 になる項だけを取り出し，論理積をとる．

$$\underline{f=(A+B+\overline{C})\cdot(A+\overline{B}+\overline{C})\cdot(\overline{A}+B+C)\cdot(\overline{A}+\overline{B}+C)}$$

練習 2.9

加法標準形で表された論理関数の 5 つの項：$A\cdot B\cdot\overline{C}$, $A\cdot\overline{B}\cdot\overline{C}$, $\overline{A}\cdot B\cdot C$, $\overline{A}\cdot\overline{B}\cdot C$, $\overline{A}\cdot\overline{B}\cdot\overline{C}$ は全て 1 であるので，入力が，(A, B, C)＝(1, 1, 0), (1, 0, 0), (0, 1, 1), (0, 0, 1), (0, 0, 0) のときである．そこで，これらの入力以外は 0 なので，出力が 0 となる最大項を下表から求めると，$A+\overline{B}+C$, $\overline{A}+B+\overline{C}$, $\overline{A}+\overline{B}+\overline{C}$ の 3 項．

これら 3 項の積が乗法標準形なので解答は，$\underline{f=(A+\overline{B}+C)\cdot(\overline{A}+B+\overline{C})\cdot(\overline{A}+\overline{B}+\overline{C})}$ となる．

入力	最大項	出力
↓	↓	↓
(A, B, C)＝(0, 0, 0) のとき，	$A+B+C=0$	$f=1$
(A, B, C)＝(0, 0, 1) のとき，	$A+B+\overline{C}=0$	$f=1$
(A, B, C)＝(0, 1, 0) のとき，	$A+\overline{B}+C=0$	$f=0$
(A, B, C)＝(0, 1, 1) のとき，	$A+\overline{B}+\overline{C}=0$	$f=1$
(A, B, C)＝(1, 0, 0) のとき，	$\overline{A}+B+C=0$	$f=1$
(A, B, C)＝(1, 0, 1) のとき，	$\overline{A}+B+\overline{C}=0$	$f=0$
(A, B, C)＝(1, 1, 0) のとき，	$\overline{A}+\overline{B}+C=0$	$f=1$
(A, B, C)＝(1, 1, 1) のとき，	$\overline{A}+\overline{B}+\overline{C}=0$	$f=0$

練習 2.10

A	B	C	
		0	1
0	0	1	
0	1		1
1	1		1
1	0	1	

・論理関数 f は加法標準形であるので，各項は論理値 1 の最小項である．
最小項：$\overline{A}\cdot\overline{B}\cdot\overline{C}=1$ より (A, B, C)＝(0, 0, 0)，最小項：$A\cdot\overline{B}\cdot\overline{C}=1$ より (A, B, C)＝(1, 0, 0)
最小項：$\overline{A}\cdot B\cdot C=1$ より (A, B, C)＝(0, 1, 1)，最小項：$A\cdot B\cdot C=1$ より (A, B, C)＝(1, 1, 1) より上記条件を満たす位置に 1 を記入する．

・C＝0 列，(A, B)＝(0, 0)と(1, 0)の縦 2 マスの論理和：$(\overline{A}\cdot\overline{B})+(A\cdot\overline{B})=(\overline{A}+A)\cdot\overline{B}=\overline{B}$ で，$A+\overline{A}=1$ より A が消え，B＝C＝0 が残るので $(\overline{B}\cdot\overline{C})$ が残る．

・C＝1 列，(A, B)＝(0, 1) と (1, 1) の縦 2 マスの論理和：$(\overline{A}\cdot B)+(A\cdot B)=(\overline{A}+A)\cdot B=B$ で，$A+\overline{A}=1$ より A が消え，B＝C＝1 が残るので $(B\cdot C)$ が残る．

・残った論理積の論理和をとる．　　答　$f=(B\cdot C)+(\overline{B}\cdot\overline{C})$

乗法標準形による別解

A	B	C=0	C=1
0	0		0
0	1	0	
1	1	0	
1	0		0

・上記，最小項のカルノー図で，論理値 1 のマス以外のマスの論理値は 0 であり，最大項である．

・C＝0 列，(A, B)＝(0, 1) と (1, 1) の縦 2 マスの論理積：$(A+\overline{B})\cdot(\overline{A}+\overline{B})=(A\cdot\overline{A})+\overline{B}=\overline{B}$ で，$A\cdot\overline{A}=0$ より A が消え，残った B＝1，C＝0 を代入したときに 0 となる論理和を求めると，$(\overline{B}+C)$ である．

・C＝1 列，(A, B)＝(0, 0) と (1, 0) の縦 2 マスの論理和：$(A+B)\cdot(\overline{A}+B)=(A\cdot\overline{A})+B=B$ で，$A\cdot\overline{A}=0$ より A が消え，残った B＝0，C＝1 を代入したときに 0 となる論理和を求めると，$(B+\overline{C})$ である．

・残った論理和の論理積をとる．　　答　$f=(\overline{B}+C)\cdot(B+\overline{C})$

練習 2.11

A	B	C=0	C=1
0	0		
0	1	1	1
1	1	1	1
1	0		

・論理関数 f は加法標準形であるので，各項は論理値 1 の最小項である．最小項：$\overline{A}\cdot B\cdot\overline{C}=1$ より (A, B, C)＝(0, 1, 0)，最小項：$A\cdot B\cdot C=1$ より (A, B, C)＝(1, 1, 1)
最小項：$\overline{A}\cdot B\cdot C=1$ より (A, B, C)＝(0, 1, 1)，最小項：$A\cdot B\cdot\overline{C}=1$ より (A, B, C)＝(1, 1, 0) より上記条件を満たす位置に 1 を記入する．

・縦 2 マスと横 2 マスの計 4 マスによる簡単化が可能．横 2 マスの論理和：$C+\overline{C}=1$ より C が消え，縦 2 マスの論理和：$A+\overline{A}=1$ より A が消え，残った B＝1 を代入したときに 1 となる論理積を求めると，B である．　　答　$f=B$

乗法標準形による別解

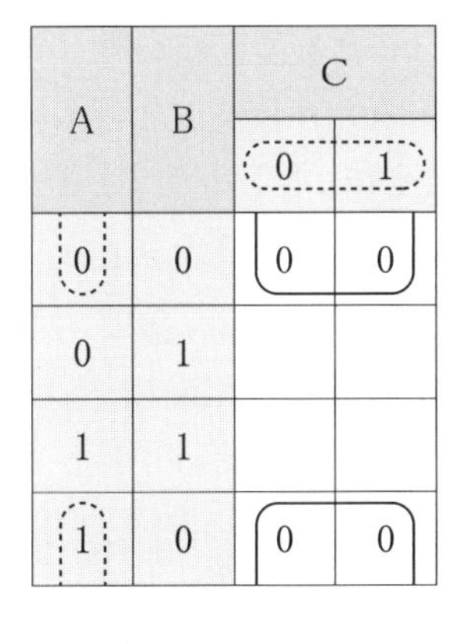

A	B	C=0	C=1
0	0	0	0
0	1		
1	1		
1	0	0	0

・上記，最小項のカルノー図で，論理値 1 のマス以外のマスの論理値は 0 であり，最大項である．

・(A, B)＝(0, 0) 行と，(A, B)＝(1, 0) 行の縦横 2 マスずつの計 4 マスによる簡単化が可能．縦 2 マスの論理積：$(A+B)\cdot(\overline{A}+B)=(A\cdot\overline{A})+B=B$ で，$A\cdot\overline{A}=0$ より A が消え，横 2 マスの論理積：$C\cdot\overline{C}=0$ より C が消え，残った B＝0 を代入したときに 0 となる論理和を求めると，B である．　　答　$f=B$

練習 2.12

A	B	C=0	C=1
0	0	1	1
0	1		
1	1		
1	0	1	1

・論理関数fは加法標準形であるので，各項は論理値1の最小項である．
最小項：$\overline{A}\cdot\overline{B}\cdot C=1$ より (A, B, C)＝(0, 0, 1)，最小項：$\overline{A}\cdot\overline{B}\cdot\overline{C}=1$ より (A, B, C)＝(0, 0, 0)
最小項：$A\cdot\overline{B}\cdot C=1$ より (A, B, C)＝(1, 0, 1)，最小項：$A\cdot\overline{B}\cdot\overline{C}=1$ より (A, B, C)＝(1, 0, 0) より上記条件を満たす位置に1を記入する．

・(A, B)＝(0, 0) 行の2マスと，(A, B)＝(1, 0) 行の2マスの計4マスによる簡単化が可能．縦2マスの論理和：$(\overline{A}\cdot\overline{B})+(A\cdot\overline{B})=(\overline{A}+A)\cdot\overline{B}=\overline{B}$ で，$\overline{A}+A=1$ より A が消え，横2マスの論理和：$C+\overline{C}=1$ より C が消え，残ったのは $\overline{B}$ である．　　答　$f=\overline{B}$

A	B	C=0	C=1
0	0		
0	1	0	0
1	1	0	0
1	0		

乗法標準形による別解

・上記，最小項のカルノー図で，論理値1のマス以外のマスの論理値は0であり，最大項である．

・縦2マスと横2マスの計4マスによる簡単化が可能．
縦2マスの論理積：$(A+\overline{B})\cdot(\overline{A}+\overline{B})=(A\cdot\overline{A})+\overline{B}=\overline{B}$
横2マスの論理積：$C\cdot\overline{C}=0$ より C が消え，残ったのは $\overline{B}$ である．
　答　$f=\overline{B}$

練習 2.13

A	B	C=0	C=1
0	0	1	1
0	1		1
1	1	1	1
1	0		

・論理関数fは加法標準形であるので，各項は論理値1の最小項である．
最小項：$\overline{A}\cdot B\cdot C=1$ より (A, B, C)＝(0, 1, 1)，最小項：$A\cdot B\cdot C=1$ より (A, B, C)＝(1, 1, 1)
最小項：$A\cdot B\cdot\overline{C}=1$ より (A, B, C)＝(1, 1, 0)，より上記条件を満たす位置に1を記入．

・(A, B)＝(1, 1) 行での横2マスの論理和をとると $C+\overline{C}=1$ より C が消え，(A, B)＝(1, 1) が残り，(A, B)＝(1, 1) を代入した論理積が1となる項が残るので，横2マスによる簡単化の結果は $(A\cdot B)$．

・C＝1列での縦2マスの論理和をとると $(\overline{A}\cdot B)+(A\cdot B)=(\overline{A}+A)\cdot B=B$ より A が消え，(B, C)＝(1, 1) が残り，(B, C)＝(1, 1) を代入した論理積が1となる項が残るので，縦2マスによる簡単化の結果は，$(B\cdot C)$．
　答　$f=(A\cdot B)+(B\cdot C)$

乗法標準形による別解

・上記，最小項のカルノー図で，論理値1のマス以外のマスの論理値は0

A	B	C	
		0	1
0	0	0	0
0	1	0	
1	1		
1	0	0	0

であり，最大項である．

- $(A, B)=(0, 0)$ 行の 2 マスと，$(A, B)=(1, 0)$ 行の 2 マスの計 4 マスによる簡単化が可能．

  縦 2 マスの論理積：$(A+B)\cdot(\overline{A}+B)=(A\cdot\overline{A})+B=B$ で，$A\cdot\overline{A}=0$ より A が消え，横 2 マスの論理積：$C\cdot\overline{C}=0$ より C が消え，残ったのは B である．
- $C=0$ 列の縦 2 マスの論理積：$(A+B)\cdot(A+\overline{B})=A+(B\cdot\overline{B})=A$ で，$B\cdot\overline{B}=0$ より B が消え，$(A, C)=(0, 0)$ が残り，$(A, C)=(0, 0)$ を代入した論理和が 0 になる項が残るので縦 2 マスの簡単化の結果は，$(A+C)$．

  答　$f=B\cdot(A+C)$

練習 2.14

存在しない入力は，$(A, B, C, D)=(0, 0, 0, 0), (0, 0, 1, 0), (0, 1, 1, 0), (1, 0, 0, 0), (1, 0, 1, 1), (1, 1, 0, 1), (1, 1, 1, 0)$ の 7 つであるので，相当する場所に # を記入する．

AB	CD			
	00	01	11	10
00	#		1	#
01	1			#
11	1	#	1	#
10	#		#	1

解答例 1：加法標準形の最小項を利用した解（#＝1 とする）

最小項の 1 をカルノー図に記入する．

- $(C, D)=(0, 0)$ 列と $(1, 0)$ 列の 8 マスの簡単化で，縦 4 マスの論理和は，分配則と相補則で以下になる．

  $(\overline{A}\cdot\overline{B})+(\overline{A}\cdot B)+(A\cdot B)+(A\cdot\overline{B})=(\overline{A}+A)\cdot(\overline{B}+B)=1$ より変数 A と B は消去され，横 2 マスの $(C, D)=(0, 0)$ と $(1, 0)$ の論理和より $(\overline{C}\cdot\overline{D})+(C\cdot\overline{D})=(\overline{C}+C)\cdot\overline{D}=\overline{D}$ に簡単化される．
- $(C, D)=(1, 1)$ 列と $(1, 0)$ 列には，2 つの 4 マスがある．
- $(A, B)=(0, 0)$ 行と $(1, 0)$ 行の 4 マスでは相補則：$\overline{A}+A=D+\overline{D}=1$ により A と D が消去され，$B=0, C=1$ が残るので，$(\overline{B}\cdot C)$ に簡単化される．
- $(A, B)=(1, 1)$ 行と $(1, 0)$ 行の 4 マスでは相補則：$\overline{B}+B=D+\overline{D}=1$ により B と D が消去され，$A=1$，$C=1$ が残るので，$(A\cdot C)$ に簡単化される．
- 結果，$f=\overline{D}+(\overline{B}\cdot C)+(A\cdot C)$

AB	CD			
	00	01	11	10
00	#	0		#
01		0	0	#
11		#		#
10	#	0	#	

解答例 2：乗法標準形の最大項を利用した解（#＝0 とする）

最大項の 0 をカルノー図に記入する．

- $(C, D)=(0, 1)$ 列の縦 4 マスの論理積は分配則と相補則で以下になる．$(A+B)\cdot(A+\overline{B})\cdot(\overline{A}+\overline{B})\cdot(\overline{A}+B)=(A+(B\cdot\overline{B}))\cdot(\overline{A}+(\overline{B}\cdot B))=$

$(A\cdot\overline{A})+(\overline{B}\cdot B)=0$ より変数AとBは消去され，残るのは $(C, D)=(0, 1)$ より $(C+\overline{D})$ に簡単化される．

- $(A, B)=(0, 1)$ 行の横2マスの論理積は分配則と相補則で以下になる．$(C+\overline{D})\cdot(\overline{C}+\overline{D})=(C\cdot\overline{C})+\overline{D}=\overline{D}$ となり，Cが消去され，$(A, B)=(0, 1)$ より $A+\overline{B}$ も残るので，$(A+\overline{B}+\overline{D})$ に簡単化される．
- 結果，$f=(C+\overline{D})\cdot(A+\overline{B}+\overline{D})$

練習 3.1

- 論理関数を (2-19)式のド・モルガンの定理で展開する．

  $f=(A\cdot(\overline{B}+\overline{C}))+((A+B)\cdot(\overline{A}\cdot\overline{C}))$
- さらに (2-10)式の分配則で展開する．

  $f=(A\cdot\overline{B})+(A\cdot\overline{C})+(A\cdot\overline{A}\cdot\overline{C})+(B\cdot\overline{A}\cdot\overline{C})$
- (2-12)式の相補則を用いて $A\cdot\overline{A}=0$ とし，不要な項を削除する．

  $f=(A\cdot\overline{B})+(A\cdot\overline{C})+(\overline{A}\cdot B\cdot\overline{C})$
- (2-12)式の相補則 $(B+\overline{B}=C+\overline{C}=1)$ で不足変数を補う．

  $f=((A\cdot\overline{B})\cdot(C+\overline{C}))+((A\cdot\overline{C})\cdot(B+\overline{B}))+(\overline{A}\cdot B\cdot\overline{C})$
- 分配則とべき等則により加法標準形を得る．

  $f=(A\cdot\overline{B}\cdot C)+(A\cdot\overline{B}\cdot\overline{C})+(A\cdot B\cdot\overline{C})+(\overline{A}\cdot B\cdot\overline{C})$
- 上記論理関数を論理回路化するには，A，B，Cの3入力に加えてNOT回路で，$\overline{A}$，$\overline{B}$，$\overline{C}$ を準備し，上記論理式に従って回路化する．

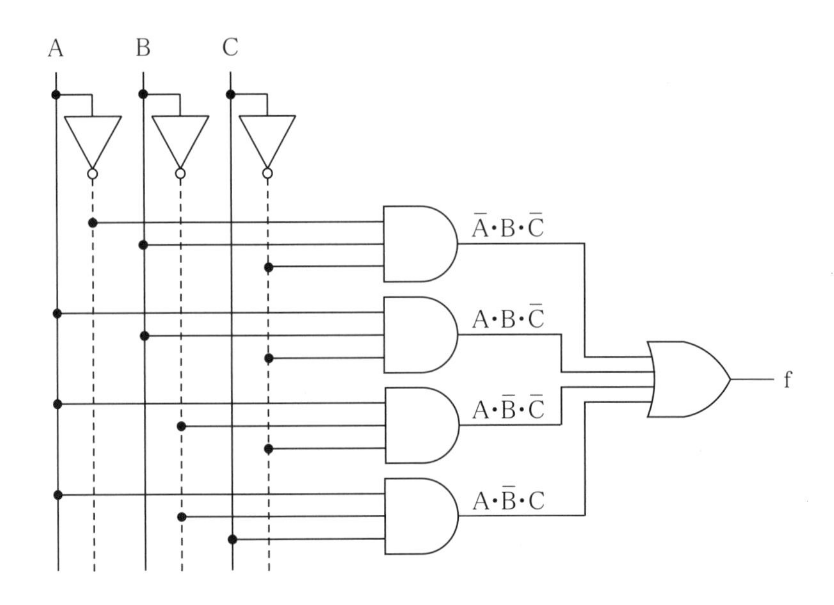

練習 3.2

・練習 3.1 で得られた加法標準形の 2 重否定をとる（2 重否定は肯定).

$$f=\overline{\overline{(A\cdot\overline{B}\cdot C)+(A\cdot\overline{B}\cdot\overline{C})+(A\cdot B\cdot\overline{C})+(\overline{A}\cdot B\cdot\overline{C})}}$$

・(2–19)式のド・モルガンの定理により和を積にし，式に従って論理回路化する.

$$f=\overline{\overline{(A\cdot\overline{B}\cdot C)}\cdot\overline{(A\cdot\overline{B}\cdot\overline{C})}\cdot\overline{(A\cdot B\cdot\overline{C})}\cdot\overline{(\overline{A}\cdot B\cdot\overline{C})}}$$

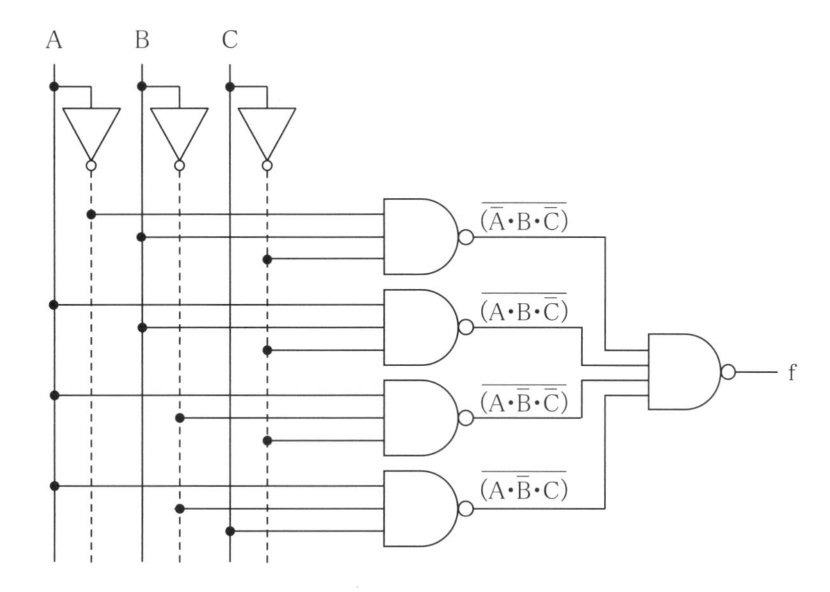

練習 3.3

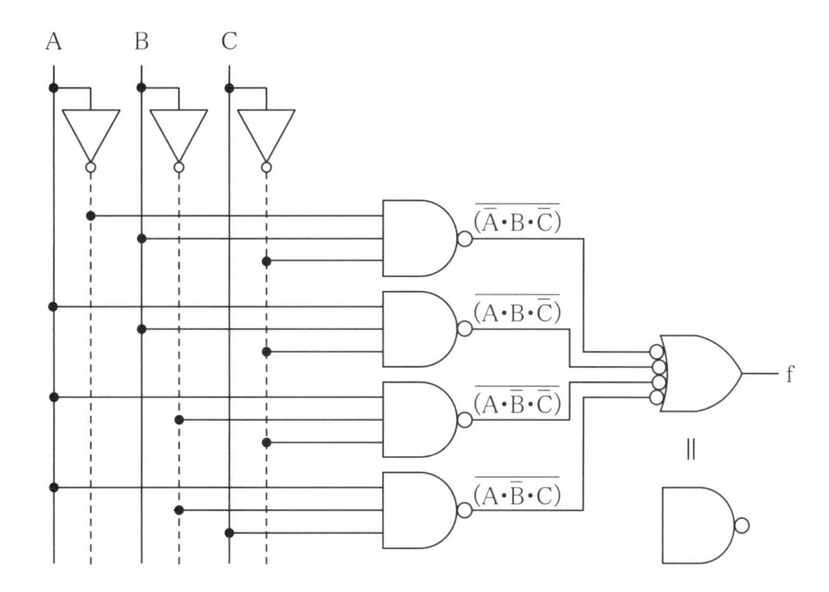

・互いに接続されている AND ゲートと OR ゲートにおいて，AND ゲートの出力を否定（○）し，OR ゲートの入力を否定（○）する．ド・モルガンの定理より，入力が否定された OR ゲートは NAND になるので，NAND ゲートと置き換えると解答を得る.

練習 3.4

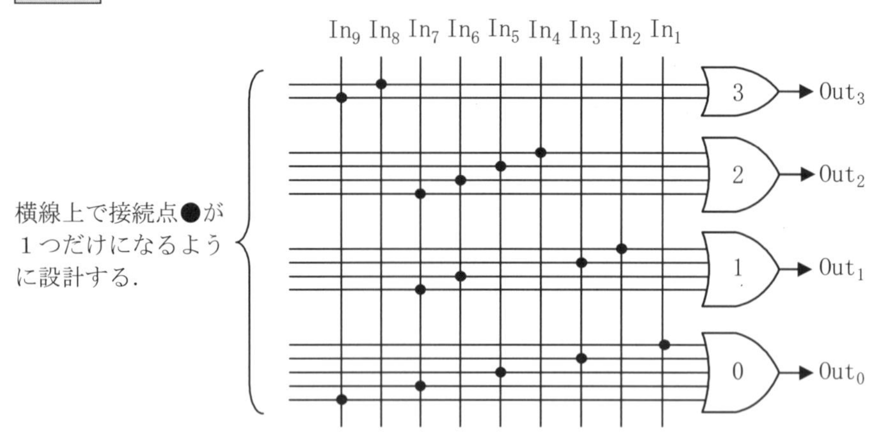

練習 3.5

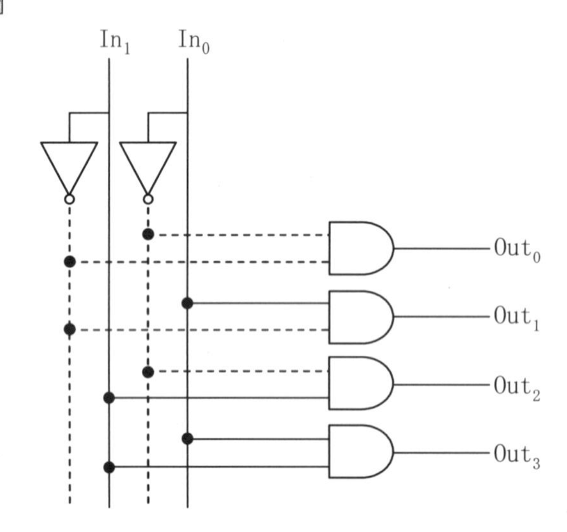

練習 4.1

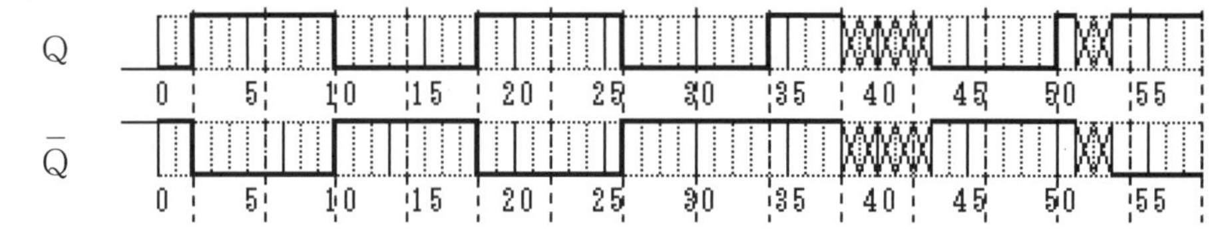

［解説］

・0～2：時刻 0 で Q＝0, $\bar{\mathrm{Q}}$＝1 である．時刻 2 までは CLK＝0 なので初期状態をホールドする．

・2～6：CLK＝1, S＝1, R＝0 よりセット状態（Q＝1, $\bar{\mathrm{Q}}$＝0）となる．

・6～10：CLK＝0 よりホールド状態になるので，S や R が変化しても状態 Q や $\bar{\mathrm{Q}}$ は変化しない．

・10〜14 : CLK＝1, S＝0, R＝1 よりリセット状態（Q＝0, $\overline{\mathrm{Q}}$＝1）になる.

・14〜18 : CLK＝0 よりホールド状態になるので，S や R が変化しても状態 Q や $\overline{\mathrm{Q}}$ は変化しない.

・18〜20 : CLK＝1, S＝1, R＝0 よりセット状態（Q＝1, $\overline{\mathrm{Q}}$＝0）になる.

・20〜22 : CLK＝1, S＝R＝0 よりホールド状態になるので，状態は変化しない.

・22〜26 : CLK＝0 よりホールド状態になるので，R が変化しても状態 Q や $\overline{\mathrm{Q}}$ は変化しない.

・26〜29 : CLK＝1, S＝0, R＝1 よりリセット状態（Q＝0, $\overline{\mathrm{Q}}$＝1）になる.

・29〜30 : CLK＝1, S＝R＝0 よりホールド状態になるので，状態は変化しない.

・30〜34 : CLK＝0 よりホールド状態になるので，S や R が変化しても状態 Q や $\overline{\mathrm{Q}}$ は変化しない.

・34〜38 : CLK＝1, S＝R＝1 より禁止状態（Q＝$\overline{\mathrm{Q}}$＝1）になる.

・38〜42 : CLK＝0 になるので，禁止状態 → ホールド状態に変化，信号値は不定となる.

・42〜43 : CLK＝1, S＝R＝0 よりホールド状態になるので，状態は不定のまま変化しない.

・43〜46 : CLK＝1, S＝0, R＝1 よりリセット状態（Q＝0, $\overline{\mathrm{Q}}$＝1）になる.

・46〜50 : CLK＝0 よりホールド状態になるので，S が変化しても状態 Q や $\overline{\mathrm{Q}}$ は変化しない.

・50〜51 : CLK＝1, S＝R＝1 より禁止状態（Q＝$\overline{\mathrm{Q}}$＝1）になる.

・51〜53 : CLK＝1, S＝R＝0 になるので，禁止状態 → ホールド状態に変化，信号値は不定となる.

・53〜54 : CLK＝1, S＝1, R＝0 よりセット状態（Q＝1, $\overline{\mathrm{Q}}$＝0）となる.

・54〜58 : CLK＝0 よりホールド状態になるので，R が変化しても状態 Q や $\overline{\mathrm{Q}}$ は変化しない.

練習 4.2

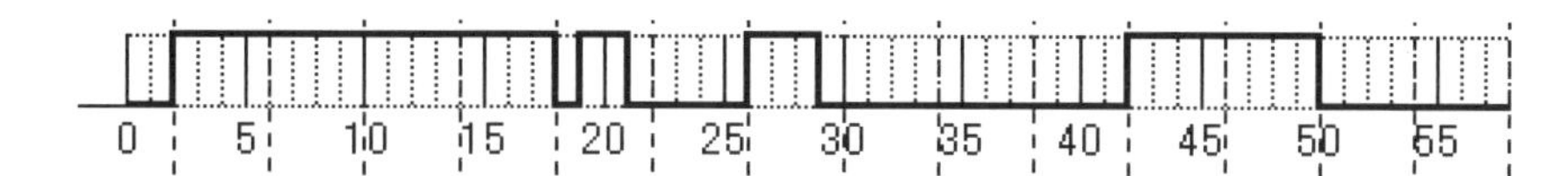

回路内の遅延は考えなくてもよいので，出力変化は CLK や D 入力の変化と同時とする.

・表 4.6 を使って解答する.

・0〜2 : 時刻 0 で Q＝0, CLK＝0 よりホールド状態．ゆえに Q＝0 が続く.

・2〜6 : CLK＝1 になり，D＝1 より 1 を取り込み，Q に出力する.

・6〜10 : CLK＝0 よりホールド状態．ゆえに Q＝1 が続く.

・10〜14 : CLK＝1 になり，D＝1 より 1 を取り込み，Q に出力する.

・14〜18 : CLK＝0 よりホールド状態．ゆえに D が 1→0 に変化しても Q＝1 が続く.

・18〜19 : CLK＝1 になり，D＝0 より 0 を取り込み，Q に出力する.

・19〜21 : CLK＝1 で D＝1 となるので，Q は一時的に 1 になる.

・21〜22 : CLK＝1 で D＝0 となるので，Q は 0 になる.

・22～26：CLK＝0 よりホールド状態．ゆえに D が 0→1 に変化しても Q＝0 が続く．
・26～29：CLK＝1 で D＝1 となるので，Q は一時的に 1 になる．
・29～30：CLK＝1 で D＝0 となるので，Q は 0 になる．
・30～34：CLK＝0 よりホールド状態．ゆえに Q＝0 が続く．
・34～38：CLK＝1 で D＝0 となるので，Q は 0 になる．
・38～42：CLK＝0 よりホールド状態．ゆえに D が 0→1 に変化しても Q＝0 が続く．
・42～46：CLK＝1 で D＝1 となるので，Q は 1 になる．
・46～50：CLK＝0 よりホールド状態．ゆえに D が 1→0 に変化しても Q＝1 が続く．
・50～54：CLK＝1 で D＝0 となるので，Q は 0 になる．
・54～58：CLK＝0 よりホールド状態．ゆえに Q＝0 が続く．

練習 4.3

次の図のように実線部分と 2 入力 NAND を追加する．

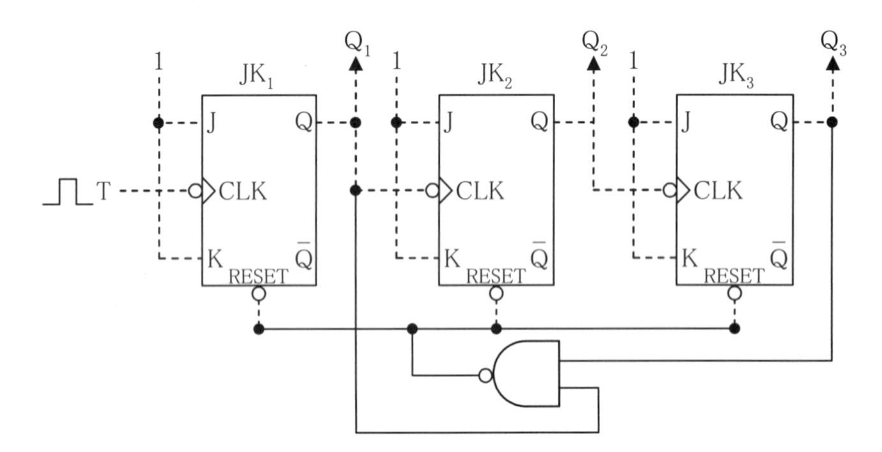

・5 進カウンタは 0, 1, 2, 3, 4 までカウントして，5 のときに 0 にリセットする．
・0 から 5 までを Q_3, Q_2, Q_1 の 3 ビット 2 進数で表すと，000, 001, 010, 011, 100, 101 であるので，5 を検出するには $Q_3 = Q_1 = 1$ であることを検出すればよい．Q_3 と Q_1 を 2 入力 NAND に入力すれば $Q_3 = Q_1 = 1$ のときのみ NAND 出力が 0 になるので，NAND 出力を各 JK-FF の RESET 端子に入力すれば，カウント数が 5 になったときに各 JK-FF の Q 出力を 0 にリセットすることができる．

練習 4.4

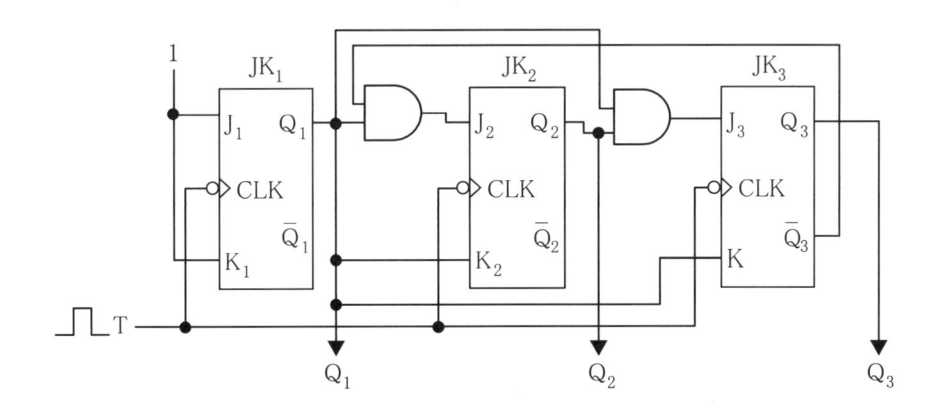

・与えられた状態遷移表から次状態：Q_3', Q_2', Q_1'のカルノー図を描き，JK-FF の特性方程式と比較する.

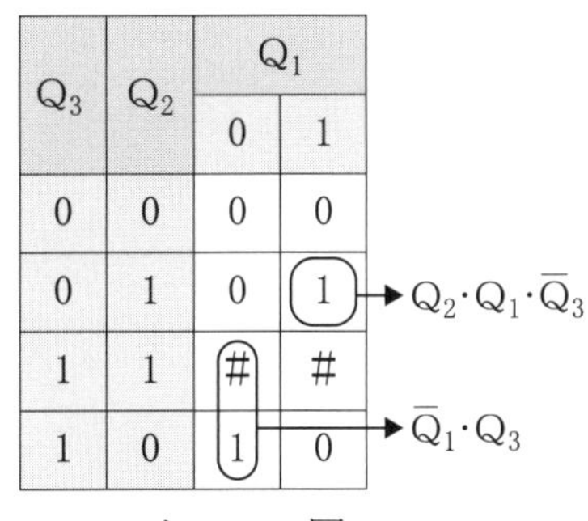

Q_3	Q_2	Q_1=0	Q_1=1
0	0	0	0
0	1	0	1
1	1	#	#
1	0	1	0

Q_3'のカルノー図

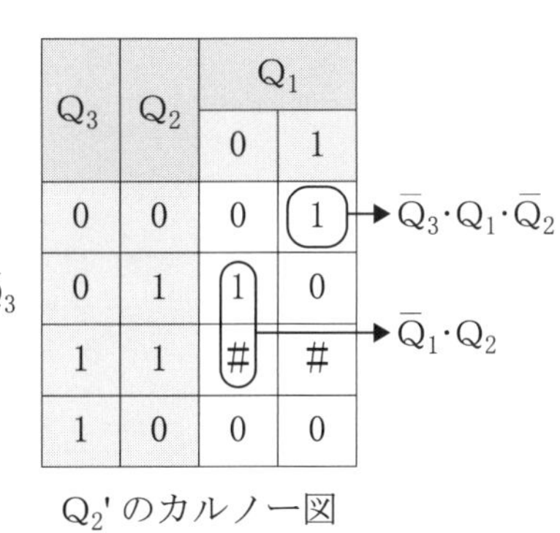

Q_3	Q_2	Q_1=0	Q_1=1
0	0	0	1
0	1	1	0
1	1	#	#
1	0	0	0

Q_2'のカルノー図

Q_3	Q_2	Q_1=0	Q_1=1
0	0	1	0
0	1	1	0
1	1	#	#
1	0	1	0

→ $\overline{Q}_1$

Q_1'のカルノー図

$Q_3' = \overline{Q}_1 \cdot Q_3 + Q_2 \cdot Q_1 \cdot \overline{Q}_3$ (カルノー図)
$Q_3' = \overline{K}_3 \cdot Q_3 + J_3 \cdot \overline{Q}_3$ (特性方程式)
Q_3の係数と$\overline{Q}_3$の係数を比較して，
$\therefore J_3 = Q_2 \cdot Q_1,\ \overline{K}_3 = \overline{Q}_1 \rightarrow K_3 = Q_1$

$Q_2' = \overline{Q}_1 \cdot Q_2 + \overline{Q}_3 \cdot Q_1 \cdot \overline{Q}_2$ (カルノー図)
$Q_2' = \overline{K}_2 \cdot Q_2 + J_2 \cdot \overline{Q}_2$ (特性方程式)
Q_2の係数と$\overline{Q}_2$の係数を比較して，
$\therefore J_2 = \overline{Q}_3 \cdot Q_1,\ \overline{K}_2 = \overline{Q}_1 \rightarrow K_2 = Q_1$

$Q_1' = \overline{Q}_1$ (カルノー図)
$Q_1' = \overline{K}_1 \cdot Q_1 + J_1 \cdot \overline{Q}_1$ (特性方程式)
Q_1の係数と$\overline{Q}_1$の係数を比較して，
$\therefore J_1 = 1,\ \overline{K}_1 = 0 \rightarrow K_1 = 1 \quad \therefore J_1 = K_1 = 1$

練習 5.1

・3 つの pMOS を並列に，3 つの nMOS を直列に接続する.

・出力 Out は pMOS と nMOS の間から取り出す.

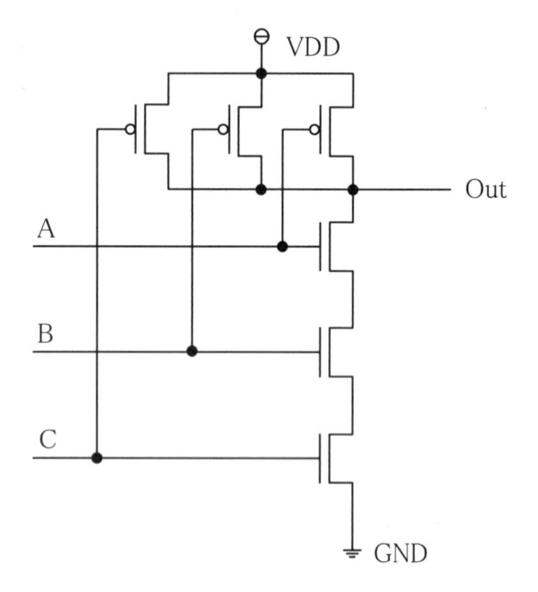

練習 5.2

・3 つの pMOS を直列に，3 つの nMOS を並列に接続する.

・出力 Out は pMOS と nMOS の間から取り出す.

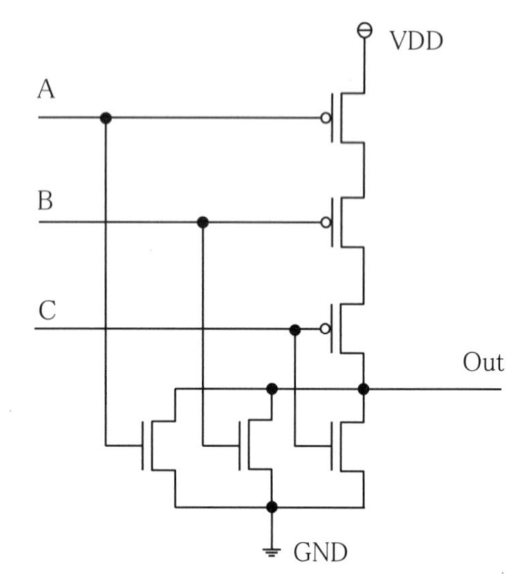

練習 5.3

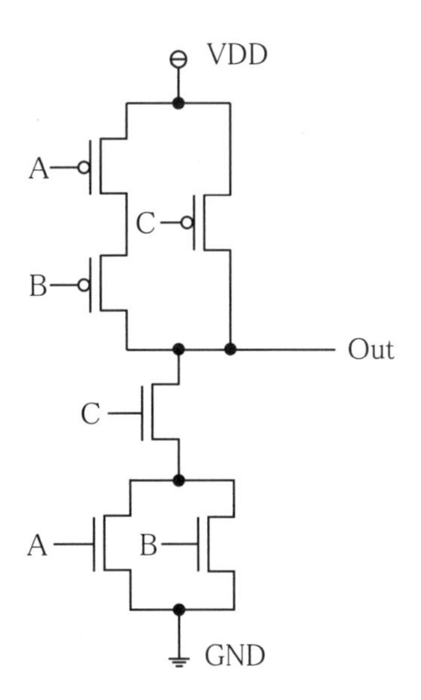

・論理式は，$\overline{(A+B)\cdot C}$.

・nMOS 部は，A 入力, B 入力 nMOS を並列接続し，　それと C 入力 nMOS を直列接続する.

・pMOS 部は，ド・モルガンの定理で，$\overline{(A+B)\cdot C} = (\overline{A+B}) + \overline{C} = (\overline{A}\cdot\overline{B}) + \overline{C}$ と変形して，A 入力，B 入力 pMOS を直列接続し，それと C 入力 pMOS を並列接続する.

練習 5.4

［論理式］

nMOS 部の左側で，A と B は並列より A＋B，これと D が直列より(A＋B)·D．右側は C と E は直列より C·E．左側と右側は並列より ((A＋B)·D)＋(C·E).

これを反転して $\mathrm{Out} = \overline{((A+B)\cdot D)+(C\cdot E)}$ が得られる．

［pMOS 部回路］

ド・モルガンの定理で $\overline{((A+B)\cdot D)+(C\cdot E)} = \overline{((A+B)\cdot D)}\cdot\overline{(C\cdot E)} = (\overline{(A+B)}+\overline{D})\cdot(\overline{C}+\overline{E}) = ((\overline{A}\cdot\overline{B})+\overline{D})\cdot(\overline{C}+\overline{E})$ と変形できるので A と B の直列と D を並列させたものと，C と E を並列させたものを直列に接続する．（正確には $\overline{A}$～$\overline{E}$）

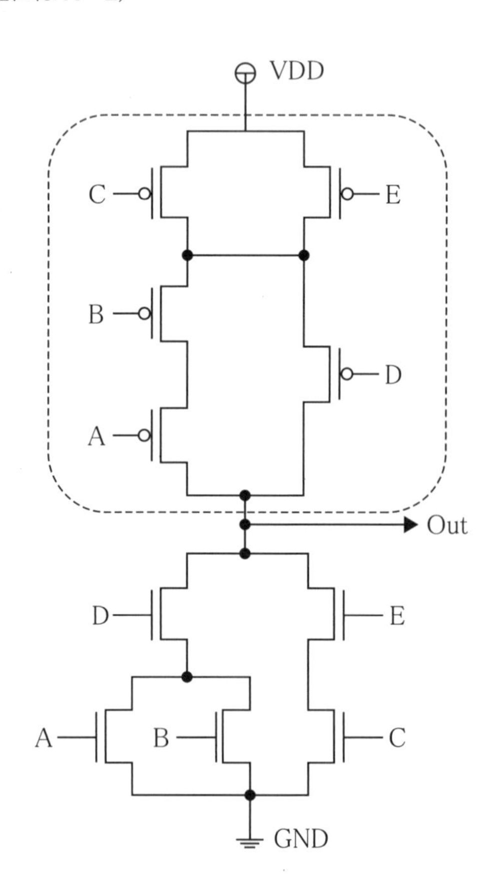

参考文献

(1) Neil H. E. Weste and Kamran Eshraghian『Principles of CMOS VLSI Design A Systems Perspective　Second Edition』Addison-Wesley (1992)

(2) 藤井信夫『ディジタル電子回路』昭晃堂 (2002)

(3) 村上国男，石川勉『コンピュータ理解のための論理回路入門』共立出版 (2002)

(4) 電気学会通信教育会『電子計算機』電気学会 (1974)

(5) 山崎　亨『情報工学のための電子回路』森北出版 (2001)

索　引

数　字

あ

か

さ

た

な

は

ま

や

ら

わ

著者紹介

岩出 秀平（いわで しゅうへい）

1976年　大阪大学理学部物理学科卒業
1978年　大阪大学大学院理学研究科博士前期課程修了
同　年　三菱電機株式会社入社
1982年　理学博士
2003年　大阪工業大学情報科学部教授
2017年　大阪学院大学情報学部教授

2006年 4月12日　初　版　第1刷発行
2008年 3月17日　初　版　第2刷発行
2012年 3月24日　第2版　第1刷発行
2016年 3月24日　第2版　第2刷発行
2018年11月27日　第3版　第1刷発行

明快解説・箇条書式
ディジタル回路［第3版］

著　者　岩出秀平　©2018
発行者　橋本豪夫
発行所　ムイスリ出版株式会社

〒169-0073
東京都新宿区百人町 1-12-18
Tel.(03)3362-9241(代表)　Fax.(03)3362-9145　振替 00110-2-102907

カット：MASH　ISBN978-4-89641-268-0　C3054